HIDRÁULICA INDUSTRIAL

APLICAÇÃO
DE ELEMENTOS HIDRÁULICOS

CELSO FAUSTINO SOTO

HIDRÁULICA INDUSTRIAL

aplicação de elementos hidráulicos

2ª EDIÇÃO

EDICON

CIP-BRASIL. CATALOGAÇÃO NA PUBLICAÇÃO
SINDICATO NACIONAL DOS EDITORES DE LIVROS, RJ

S693h

Soto, Celso Faustino

Hidráulica industrial : aplicação de elementos hidráulicos / Celso Faustino Soto ; [ilustrações Soraia Ljubtschenko]. - São Paulo : EDICON , 2017, 2ª edição.

120 p. : il. ; 23 cm.

ISBN 978-85-290-0932-2

1. Engenharia hidráulica. 2. Engenharia Civil. I. Título.

14-11450 CDD: 627

CDU: 627

FOTO DO AUTOR: *Ângela Mendes Soto*

CONTATO COM O AUTOR: profcelsosoto@gmail.com

EDICON
Editora e Consultoria Ltda
Edicon Editora
3255-1002 3255-9822
edicon@edicon.com.br
www.edicon.com.br
Rua Herculano de Freitas, 181
São Paulo - SP 01308-020

Sumário

Dedico à minha esposa Angela
e a nossos filhos
Leandro, Mariangela e Fernando.

CAPÍTULO 1

APLICAÇÃO DE VÁLVULAS CARTUCHO

INTRODUÇÃO

Nas últimas duas décadas vimos o aumento na utilização de válvulas de cartucho em projetos hidráulicos principalmente por apresentarem as seguintes vantagens:

- Flexibilidade para projeto do sistema custo baixo para instalação
- Redução do tamanho da unidade
- Ótima performance e controle
- Ótima confiabilidade
- Capacidade de operar em altas pressões
- Operação mais eficiente com pequenos vazamentos internos
- Grande tolerância quanto à contaminação
- Facilidade de manutenção

As válvulas de cartucho são uma alternativa economicamente viável para a substituição de válvulas convencionais, principalmente quando tratamos de grandes vazões (ou seja, válvula acima de TN 16).

Em projetos, devemos considerar todas as possibilidades para uma solução com o emprego de válvulas de cartucho, pois o custo do sistema com essas válvulas será efetivamente mais baixo, principalmente se os parâmetros definidos a seguir, são necessários:

- Altas vazões
- Altas pressões de trabalho
- Redução no espaço de instalação
- Circuitos complexos
- Respostas rápidas
- Circuitos estanques ou com pequenos vazamentos internos
- Boa estabilidade
- Pouca sensibilidade à contaminação.

Em um estágio primário as válvulas tipo cartucho podem ser interpretadas como válvulas de retenção com diversos recursos de pilotagem, por isso faremos um resumo das válvulas de retenção convencionais para depois explorarmos todos os recursos das válvulas de cartucho, onde veremos as outras possibilidades, destas válvulas como controladoras de pressão e vazão, bem como direcionais.

VÁLVULAS DE RETENÇÃO SIMPLES

É uma válvula direcional, na qual o sentido de fluxo e o diferencial de pressão para abertura ou fechamento estão fixos, não podendo ser influenciados por meios externos.

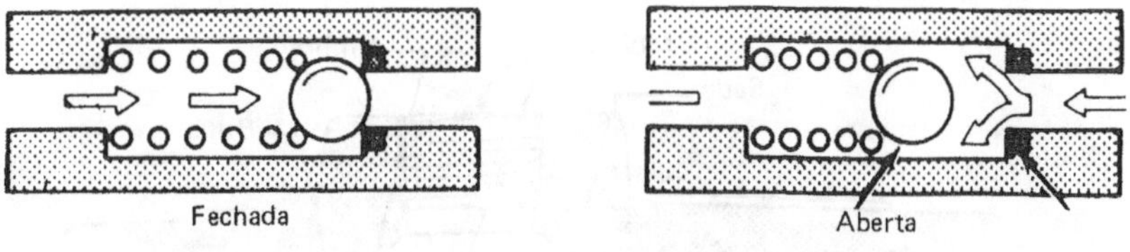

Fig. 1 - Válvula retenção simples

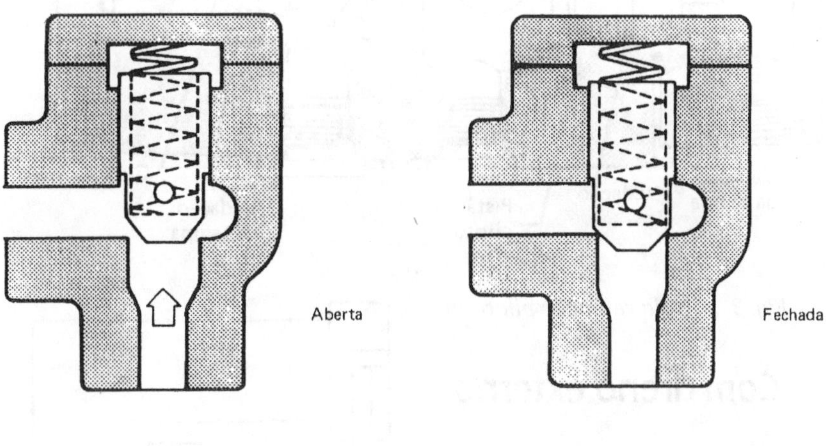

Fig. 2 - Válvula retenção simples, angular

VÁLVULA DE RETENÇÃO PILOTADA

Com dreno interno

São válvulas de retenção, nas quais podemos influenciar na abertura, conseguindo o fluxo reverso.

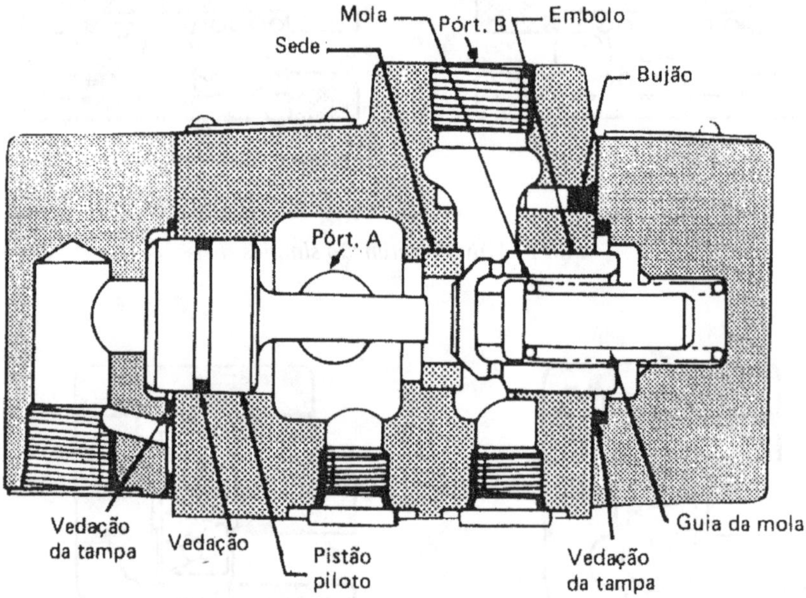

Fig. 3 ·Válvula retenção pilotada

Com dreno externo

Nos casos onde exista uma contrapressão na linha (pórtico A, no exemplo) podemos ter um efeito indesejável no fechamento da válvula, por isso drenamos externamente a câmara dianteira do pistão de pilotagem.

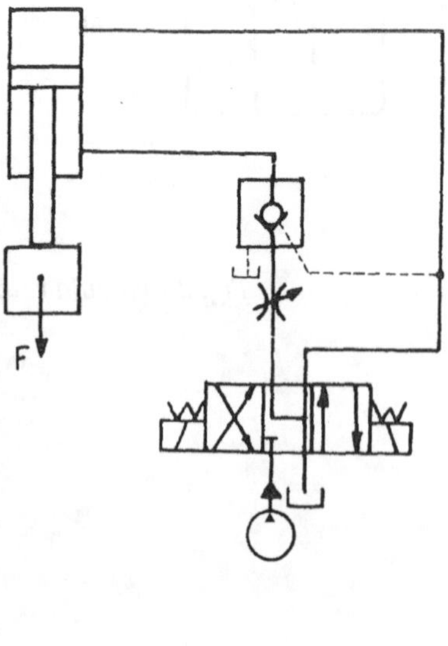

Fig. 4

Com descompressão

Para que não exista o choque hidráulico, devido à abertura repentina da válvula, quando do fluxo reverso, instalamos um pistão menor dentro do pistão principal, fazendo com que o pistão piloto abra primeiro o pistão menor, onde um pequeno fluxo reverso passa primeiramente, para depois abrirmos o pistão principal, passando então todo o fluxo reverso.

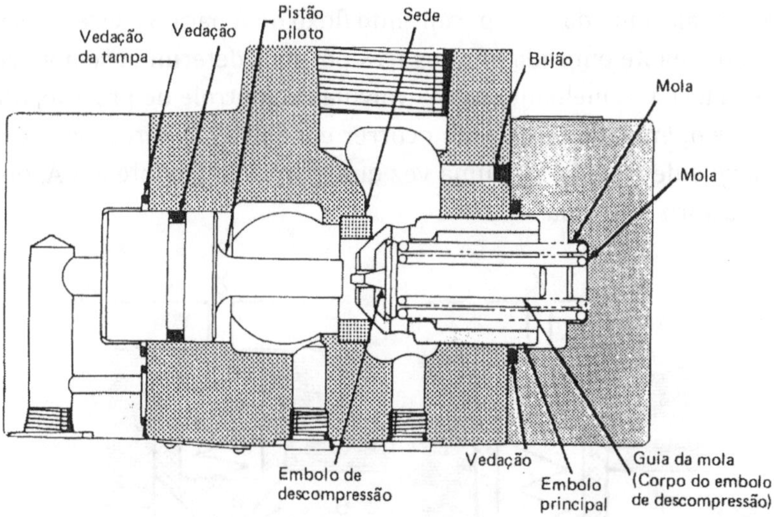

Fig. 5 - Válvula retenção pilotada com descompressão.

Válvula de retenção alternadora

Depende da pressão maior para posicionar-se, passando o fluxo de B - A ou de C - A.

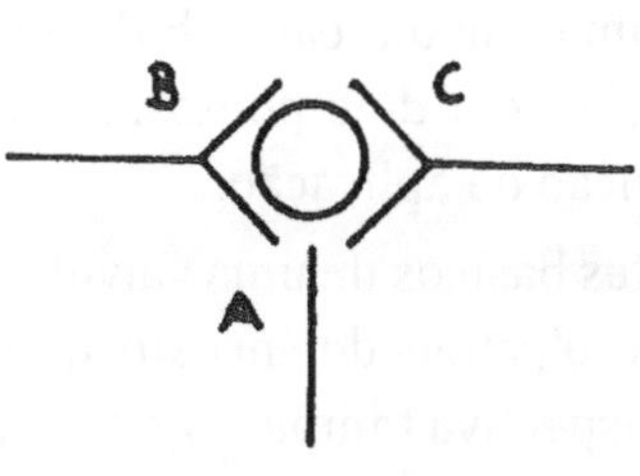

Fig. 6

PRINCÍPIOS DE OPERAÇÃO

A válvula de cartucho é, basicamente, constituída de um embolo móvel em uma camisa, que possui dois pórticos, (A e B) de passagem de fluxo, um terceiro pórtico (X) para pilotagem e uma tampa. Sempre será montada em um bloco hidráulico (Manifold).

O embolo pode estar em uma de duas posições: **Fechado** - onde sua superfície cônica encontra-se em contato com a sede da camisa e, portanto, não há passagem entre os pórticos A e B; **Aberto** - onde se encontra afastado da sede permitindo fluxo de A para B e vice-versa. A pressão atuante em cada um dos três pórticos determina se a válvula abre ou fecha. Semelhante a uma válvula de controle de pressão, diretamente operada, o fluxo pode ocorrer em ambas as direções (exceto na válvula de relação 1:1) uma vez que a pressão atuante em A, ou B, tende a abrir a válvula.

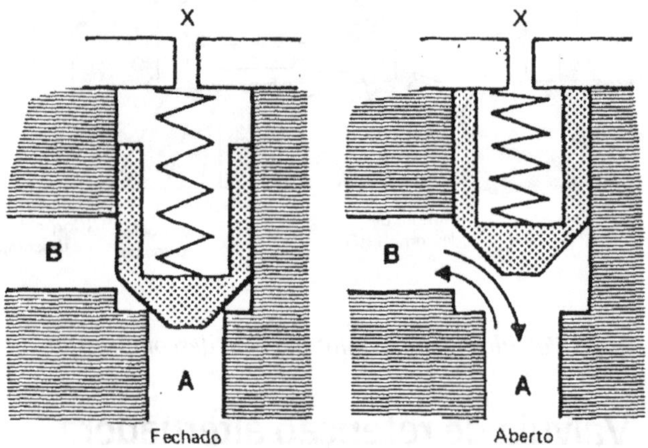

Fig. 7 - Principio básico

A camisa de uma válvula cartucho é ajustada num bloco manifold, e possui vedações em dois pontos. A sua tampa e a furação do bloco variam em função da aplicação.

Os componentes básicos de uma válvula de cartucho são: camisa, embolo, mola, anéis "0", anéis de encosto, que fazem a vedação da camisa no bloco, e a respectiva tampa.

Fig. 8 - Componentes

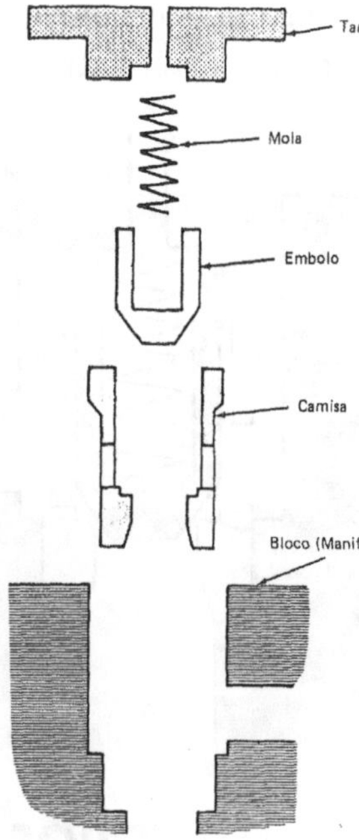

Os componentes montados e ajustados no furo do bloco (manifold) são mantidos na posição pela tampa. As tampas possuem orifícios para pilotagem e, superfícies para a montagem das válvulas piloto. Os dois pórticos de fluxo são usinados no bloco, embaixo (A) e o outro na lateral (B).

Dependendo da função da válvula o embolo varia de forma, as dimensões do rebaixo no bloco manifold permanecem constantes para qualquer tipo de cartucho. As válvulas de cartucho são classificadas utilizando-se como referência o diâmetro externo do pistão móvel, por exemplo:

TN 16-embolo com ϕ 16 mm

TN 25-embolo com ϕ 25 mm

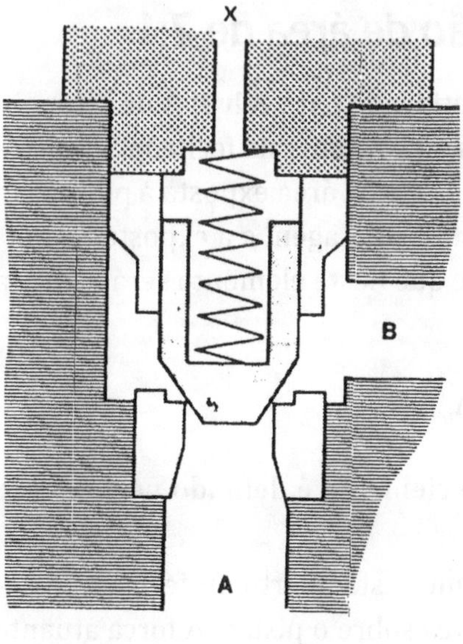

O pistão pode ser considerado o principal elemento da válvula. O fluxo pode escoar através dos pórticos A e B, entretanto o piloto da válvula determina se a válvula estará aberta ou fechada.

Fig. 9 - Montagem

Uma das vantagens mais significativas das válvulas de cartucho ocorre com o elemento fechado, praticamente não existe vazamento entre os pórticos A e B, pois a superfície cônica do pistão em contaco com a sede promove uma vedação positiva. Entretanto vazamentos podem ocorrer entre o pórtico B e a câmara de pilotagem (ou vice-versa), pois existe uma pequena folga entre a superfície interna da camisa e o embolo, para permitir o deslizamento.

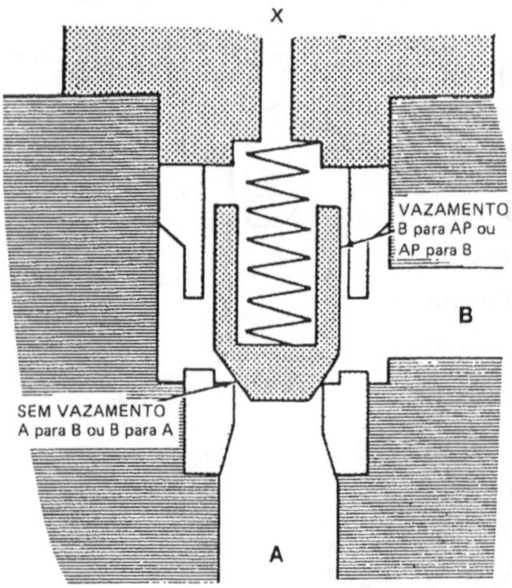

IMPORTANTE:

Ao projetarmos um sistema é necessário analisar com cuidado a pilotagem de cada válvula com o intuito de se minimizar os vazamentos internos.

Fig. 10

TIPOS DE ELEMENTOS

Para se obter diferentes funções de controle, vários tipos de elementos são necessários. Descreveremos alguns a seguir:

Embolo com relação de área de 2:1

Este é o mais comum e o mais utilizado para válvulas de retenção e direcional. Suas dimensões são tais que, na posição fechada à área exposta ao pórtico A é exatamente a metade da área exposta à pilotagem (AX). A diferença entre a área exposta à pilotagem e a exposta ao pórtico A é a área exposta ao pórtico B, e que neste elemento será idêntica a de A (veja fig. 11).

$$2A_A = 2A_B = A_X$$

Como já dito anteriormente, o elemento é definido pela relação de áreas.

Para se determinar se o elemento está aberto ou fechado, é necessário saber quais as forças atuantes sobre o pistão. A força atuante no sentido do fechamento (F_{fechar}) é a pressão atuante em X (P_x) multiplicada pela respectiva área (A_x) acrescida da força que a mola produz (F_M).

$F_{fechar} == P_x \cdot A_x + F_M$
no elemento de 2:1 = $F_{fechar} = P_x \cdot 2 + F_M$

A força atuante no sentido da abertura (F_{abrir}) corresponde à pressão atuante na área exposta a A (P_A) multiplicada pela respectiva área (A_A), acrescida da pressão atuante na área exposta a B (P_B) multiplicada pela respectiva área (A_B).

$F_{abrir} = P_A \cdot A_A + P_B \cdot A_B$
no elemento de 2:1 = $F_{abrir} = 1 \cdot P_A + 1 \cdot P_B$

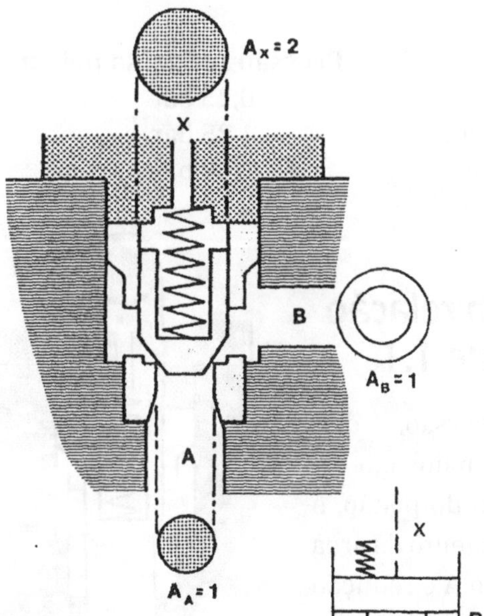

Fig, 11 - Embolo com relação de área 2:1

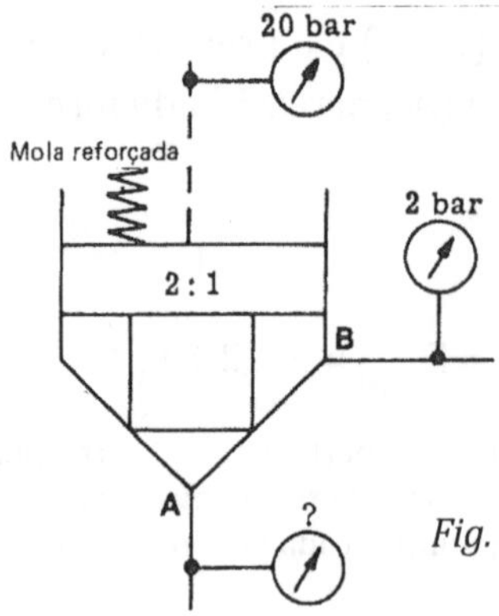

Fig. 12

As forças de fluxo no pistão são pequenas e podem ser consideradas desprezíveis. Existem três molas diferentes, disponíveis, para o elemento de relação 2:1,

Mola	Pressão reduzida pela mola (Pm)
Leve	0,25 bar
Média	1,25 bar
Pesada	2,50 bar

Embolo com relação de área de 1.1

1 - Nesta versão, o diâmetro da sede é maior em relação ao diâmetro do pistão, o seu efeito é de aumento da área exposta ao pórtico A e redução da área exposta à B, como mostra a figura 13.

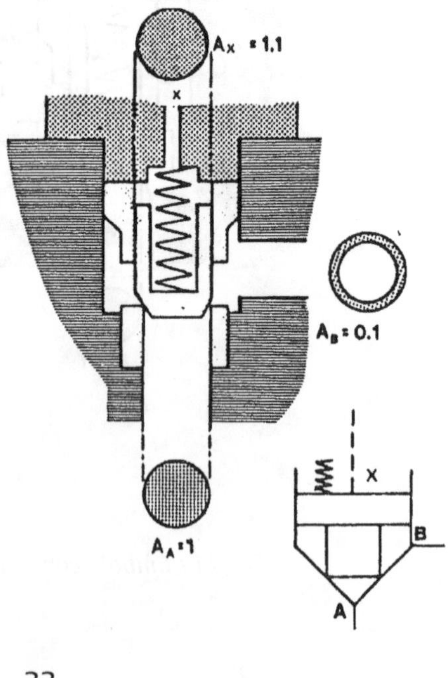

Fig 13 - Embolo com relação de área 1.1:1

A relação de área é:

$A_X : A_A : A_B = 1.1:1,0:0,1$

Com respeito às forças para abrir e fechar pode-se obter por:

$F_{abrir} = 1,0 \cdot P_A + 0,1 \cdot P_B$

$F_{fechar} = 1,1 \cdot P_X + 1,1 \cdot P_m$

As molas empregadas nestes cartuchos são as mesmas que se empregam nos elementos de relação 2:1 (0,25 bar; 1,25 bar; 2,50 bar).

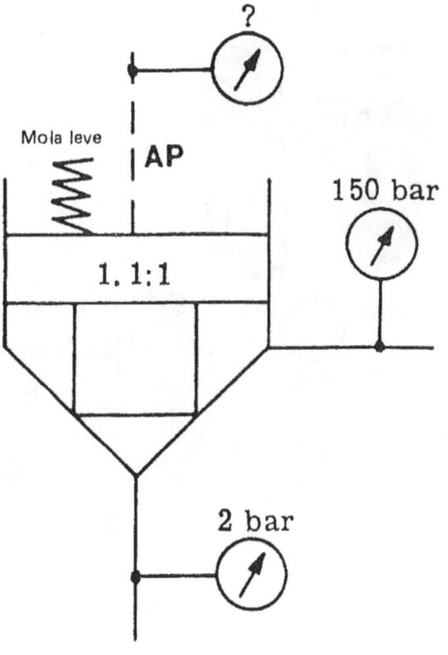

Fig. 14

Embolo com relação de áreas de 1:1

Os elementos com relação de área 1:1 são empregados para funções de controle de pressão. Nestes elementos a área exposta ao pórtico A é exatamente igual à área de pilotagem (AX), sendo assim, o pistão não apresenta área exposta ao pórtico B.

A força para fechar deve-se, como nos dois elementos anteriormente vistos, à pressão de pilotagem e à pressão exercida pela mola, enquanto que a força para abrir deve-se apenas à pressão atuante na área exposta ao pórtico A.

$$F_{fechar} = P_X \, . \, A_X + P_M \, . \, A_X = F_{fechar} = 1 \, . \, P_X + 1 \, . \, P_M$$

$$F_{abrir} = P_A \, . \, A_A = F_{abrir} = 1 \, . \, P_A$$

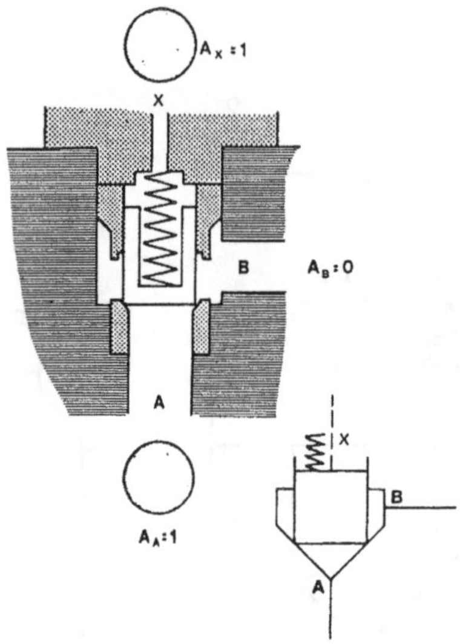

Fig. 15 - Embolo com relação de área 1:1

Outro tipo de elemento de relação 1:1 é o normalmente aberto, visto na figura 10. Aplicam-se em válvulas redutoras de pressão e em hidróstatos.

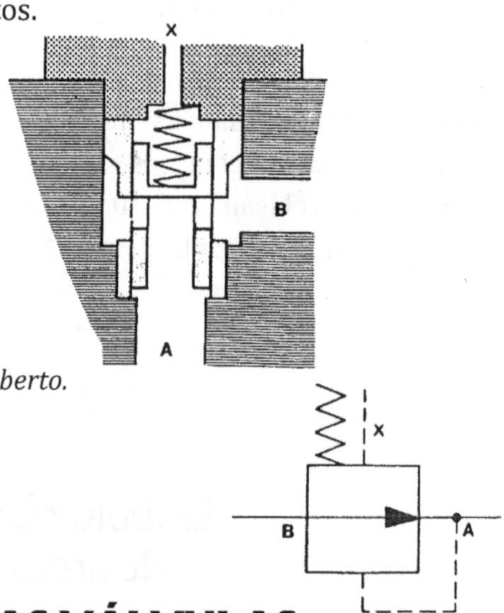

Fig. 16 - Embolo 1:1 - Normalmente aberto.

FUNÇÕES DAS VÁLVULAS

As diversas funções são obtidas basicamente pela escolha da tampa adequada e pelo controle da pressão piloto atuante no pórtico X. As válvulas piloto precisam ser montadas, ou incorporadas às tampas. Com o objetivo de se controlar a velocidade de abertura e fechamento dos pistões, gicleurs (orifícios calibrados) são introduzidos nas conexões piloto. O gicleur é acessível e sua influência, e eventual substituição, devem ser analisadas quando da partida do sistema.

Função de válvula de retenção

Utilizando-se uma tampa básica, tipo A, e um elemento de 2:1 pode-se obter uma válvula de retenção. O pórtico de pressão piloto (X) é conectado através de furos, usinados na tampa e no bloco, ao pórtico B, com um gicleur incorporado à tampa.

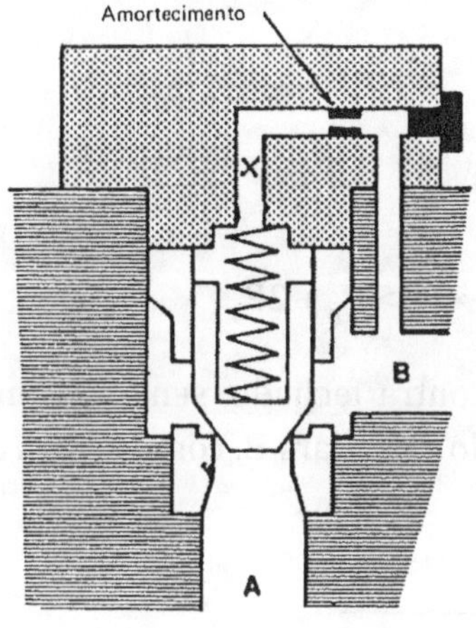

Fig. 17 - Função retenção - tampa A

Esquematicamente esta montagem pode ser representada como ilustrado na figura 18.

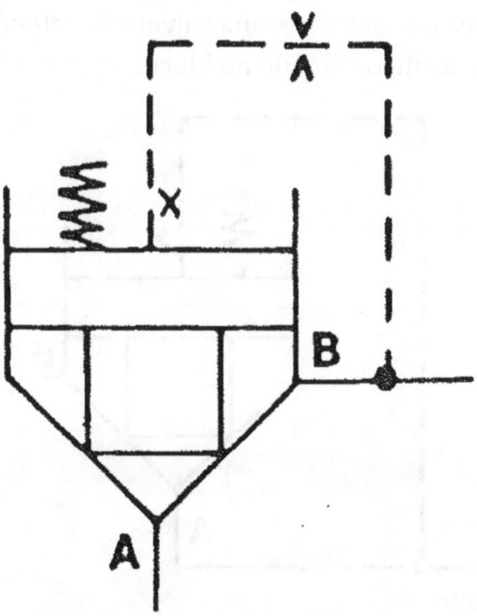

Fig. 18

Como o elemento é de relação 2:1, a força necessária para abrir é:

$$F_{abrir} = P_A + P_B$$

Enquanto que a força que atua para fechá-lo é:

$$F_{fechar} = 2P_X + 2P_M = 2 . P_B + 2P_M$$

logo para abri-lo é necessário que:

$$F_{abrir} > F_{fechar} \rightarrow P_A + P_B > 2P_B + 2P_M \rightarrow P_A > P_B + 2P_M$$

logo, se $P_B > P_A$, o elemento se encontra fechado, sendo assim, para esta montagem o fluxo só é permitido de A para B, como ilustra a figura 19.

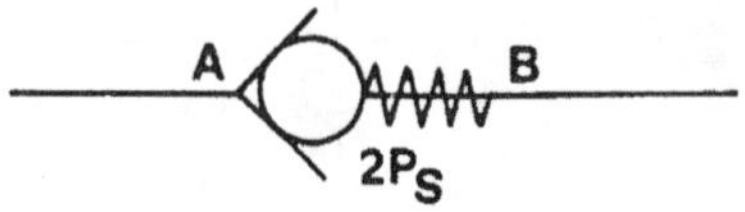

Fig. 19

É possível obter-se uma válvula de retenção conectando-se, através de um orifício usinado no bloco, o pórtico X ao pórtico A.

Fig. 20

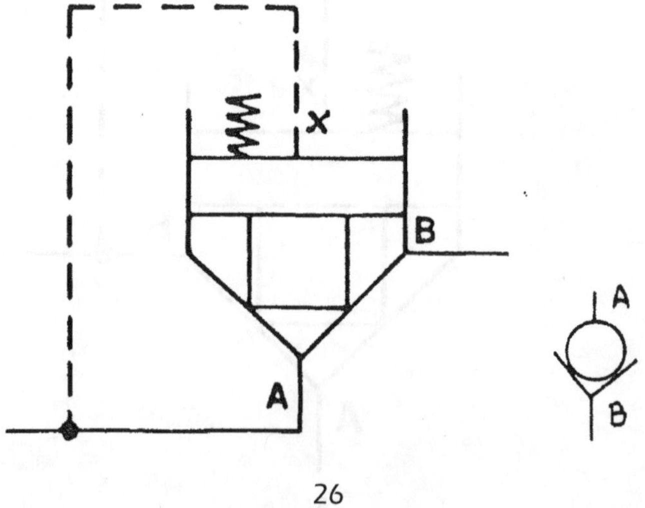

Note-se que ocorrerá um pequeno vazamento de A para B, pela câmara de pilotagem (x), através da folga existente entre a superfície da camisa e a externa do embolo. Incorporando uma válvula direcional, operada por solenóide, à linha de pilotagem (vide fig. 22) obtém-se uma válvula de retenção operada por solenóide (fig. 21).

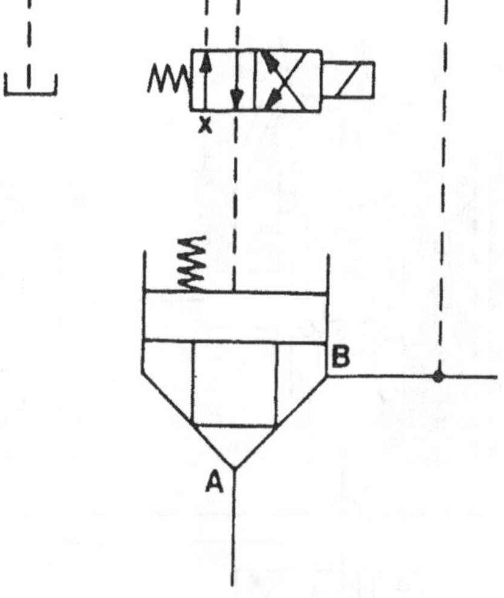

Fig. 21

Quando o solenóide estiver desenergizado, o pórtico X estará conectado ao B obtendo-se assim, as funções da válvula de retenção, mostradas na fig. 22 (fluxo livre de A para B).

Quando o solenóide estiver energizado, a câmara de pilotagem estará despressurizada, a válvula permite, então, fluxo de A para B, ou B para A, pois apenas a carga da mola deve ser vencida.

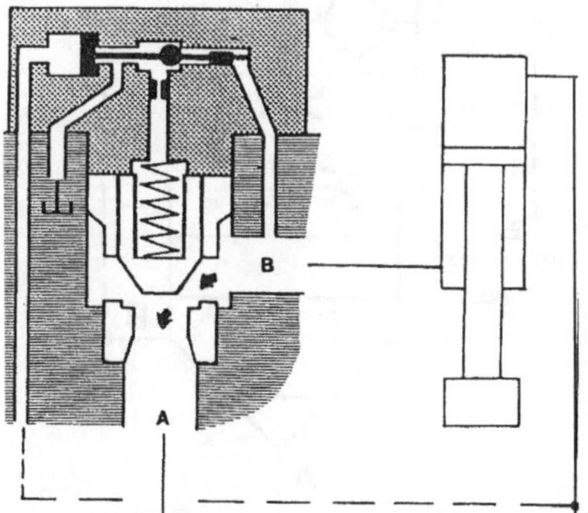

Fig. 22 - Válvula de retenção pilotada (Repres. aberta)

Caso a válvula direcional utilizada como piloto for de embolo deslizante, o vazamento que ocorre por esta válvula deve ser levado em conta.

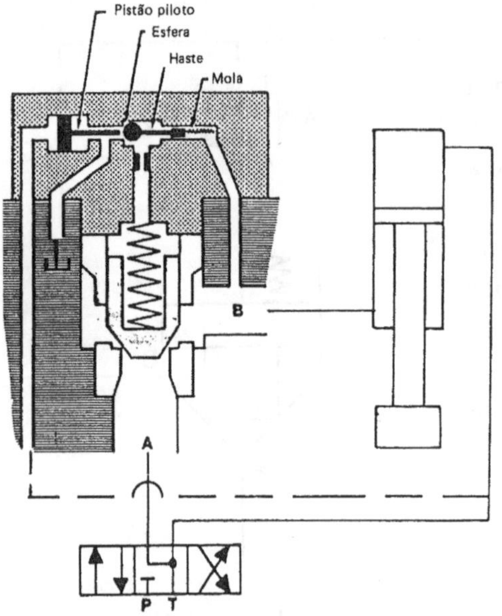

Fig. 23 - Válvula de retenção pilotada (representação fechada)

Com o solenóide desenergizado não há fluxo de B para A e há uma vedação positiva, entretanto, ocorre vazamento de B para tanque pela válvula piloto. Para se obter uma válvula de retenção pilotada utiliza-se um elemento de relação 2:1 e uma tampa especial (tipo F), conforme ilustrada na figura 22.

A figura 23 ilustra a válvula de retenção pilotada, em um sistema com válvula direcional, suportando uma carga e na figura 24 o respectivo símbolo gráfico.

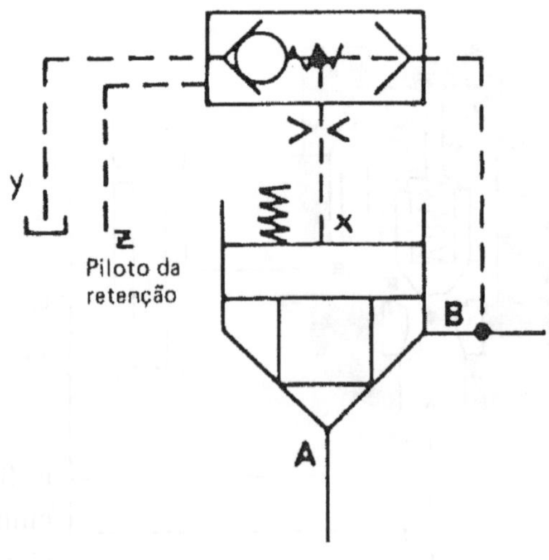

Fig. 24

Função de direcional

As válvulas de cartucho empregadas como válvulas direcionais, geralmente utilizam como válvulas piloto válvulas direcionais, operadas por solenóides para abrir e fechar os elementos. A válvula direcional piloto precisa ser montada sobre a superfície da tampa de um dos cartuchos, como mostra a figura 25. As válvulas piloto são normalmente CETOP 3 (6 mm) e eventualmente CETOP 5 (10 mm).

A figura 25 mostra os "gicleurs" (furos calibrados) que devem ser empregados na tampa, com o intuito de se controlar a velocidade de abertura e fechamento do elemento. Os gicleurs podem ser facilmente substituídos, bastando para isto sacá-los, como se fossem parafusos. Encontram-se gicleurs com orifícios variando de 0,5 a 2,3 mm com incrementos de 0,1 mm.

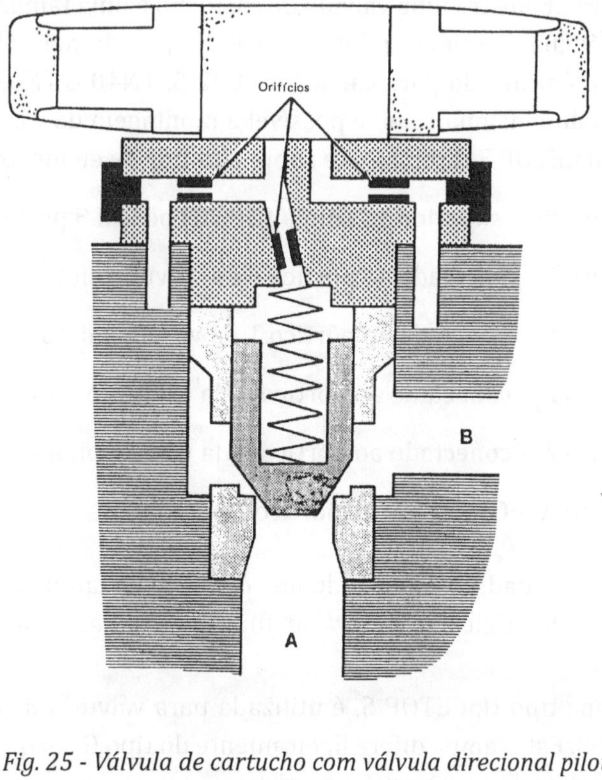

Fig. 25 - Válvula de cartucho com válvula direcional piloto

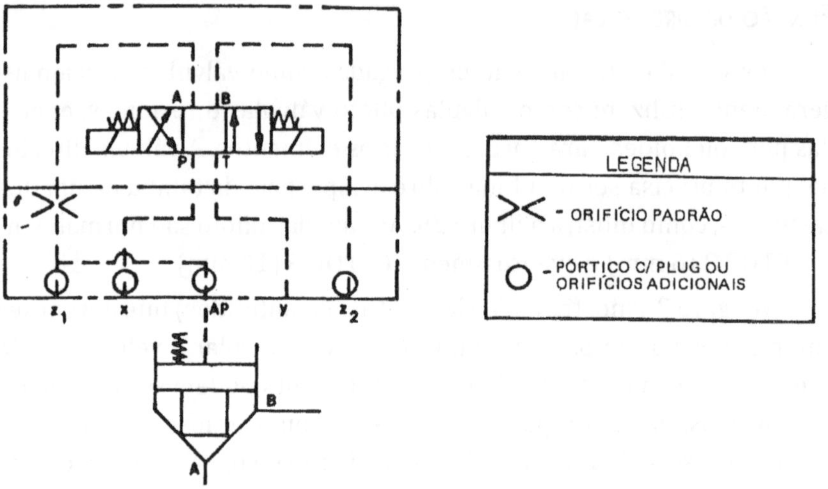

Fig. 26 - Simbologia conforme NFPA DO1 (CETOP 3)

A figura 26 ilustra uma válvula de cartucho e uma tampa (tipo G) com uma válvula direcional piloto CETOP 3, operada por solenóides. Este método é utilizado para cartuchos TN2 5, TN40 e TN63, devido a limitações dimensionais não é possível a montagem da válvula direcional piloto CETOP 3 diretamente sobre a tampa de elementos TN16.

A superfície superior da tampa (tipo G) possui 5 pórticos:

pórtico X - conectado ao pórtico P da válvula piloto

pórtico Y - conectado ao pórtico T da válvula piloto

pórtico Z_1 - conectado ao pórtico A da válvula piloto

pórtico Z_2 - conectado ao pórtico B da válvula piloto

pórtico A_p - Conectado ao pórtico X do cartucho.

Um gicleur padrão é instalado no pórtico Z_1 da tampa, e o diâmetro do orifício deste gicleur variará em função do tamanho do cartucho empregado.

A tampa tipo H, CETOP 5, é utilizada para válvulas de cartucho TN50 e TN63. Esta tampa difere ligeiramente do tipo G, no que diz respeito as interligações e a posição do gicleur.

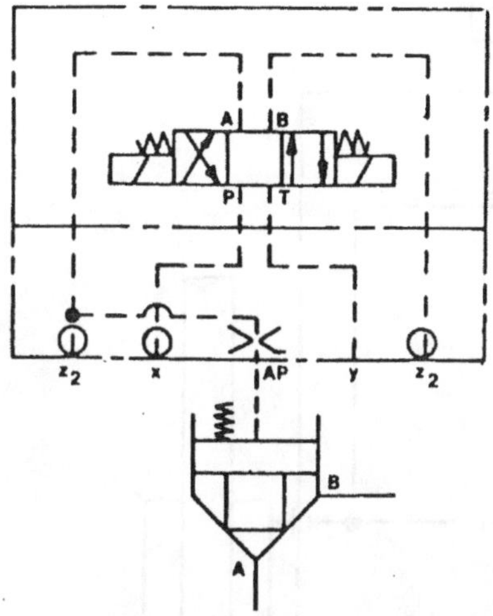

Em ambas as tampas (tipo G e H) são possíveis a montagem de várias válvulas direcionais diferentes, pois a interface para cada modelo é padronizada. Válvulas piloto acionadas por alavancas ou roletes também podem ser empregadas para controle manual ou mecânico dos cartuchos.

Fig. 27 -·Simbologia conforme NFPA DO2 (CETOP 5)

A figura 28 mostra uma válvula direcional de três posições e operada por solenóides, controlando quatro válvulas de cartucho simultaneamente. A função destes elementos é a de controle direcional.

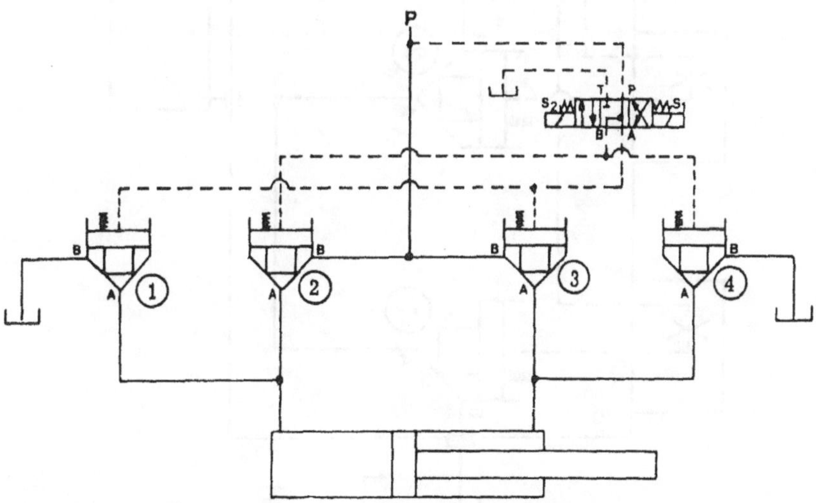

Fig. 28A - Circuito simplificado para 4 vias

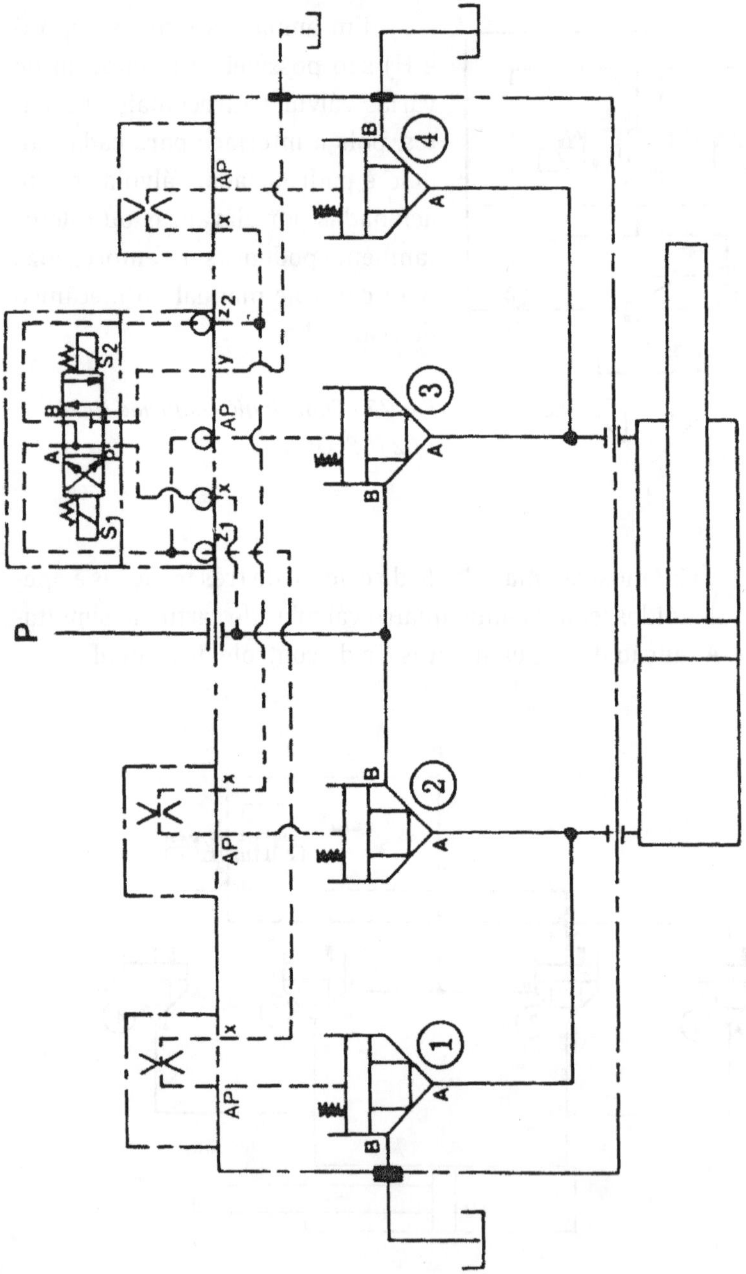

Fig. 28B - Circuito completo para 4 vias

Note-se que três válvulas de cartucho utilizam a tampa básica (tipo A) e uma utiliza uma tampa tipo G para incorporar a válvula piloto. Com a válvula direcional na posição central, e mantendo-se pressão na via P, a pressão piloto será aplicada ao pórtico X de todos os cartuchos, fechando-os.

Energizando o solenóide S_1 a pressão piloto atuará nos cartuchos 2 e 4, mantendo-os fechados, enquanto que os cartuchos 1 e 3 poderão se abrir, pois a câmara de pilotagem está drenada para tanque (sem pressão), ocorrendo o movimento de retorno do cilindro 1 e 3, será necessária para abri-los e permitir o movimento de retorno do cilindro.

Energizando o solenóide S_2, os cartuchos 2 e 4 abrem-se e 1 e 3 se fecham e o movimento de avanço ocorre.

Com ambos os solenóides desligados, os quatro cartuchos mantém-se fechados mas, se uma força comprimir a haste, esta força fará aumentar a pressão na câmara traseira do cilindro, aumentando assim a pressão no pórtico A do cartucho dois, tendendo a abri-lo, permitindo que o cilindro mova-se para trás. O mesmo acontecerá se a carga tracionasse a haste, fazendo-o avançar. (Vide fig. 29)

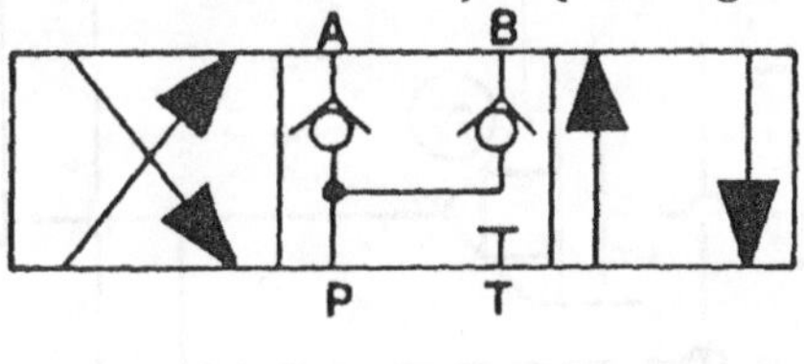

Fig. 29

Para promover uma vedação positiva e impedir que o cilindro se movimente pela ação de uma força externa, com os solenóides desenergizados, uma tampa com válvula alternadora (tipo J) deve ser empregada.

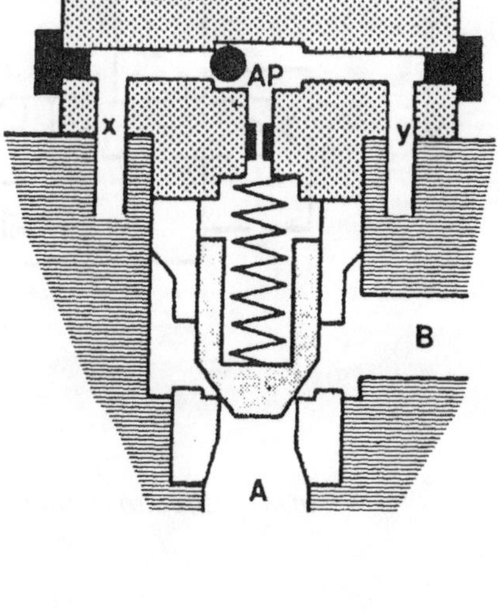

Fig. 30 - Tampa com retenção aternadora

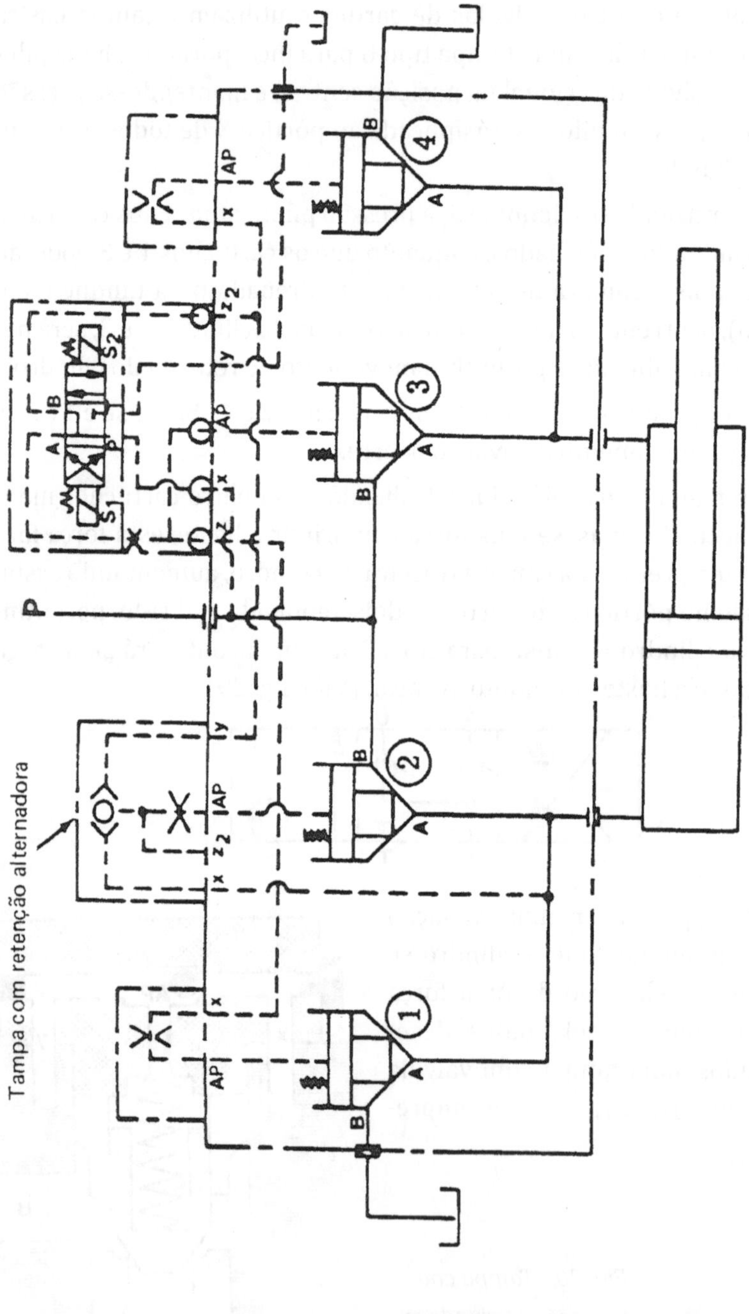

Fig. 31 - Circuito completo para 4 vias com bloqueio total

A figura 31 mostra um circuito no qual, uma carga seria suficiente para abrir o cartucho número 4, e para evitar o movimento do cilindro, a tampa tipo J foi empregada.

Existem dois tipos de tampas com válvula alternadora para a interface CETOP 3, como mostra a figura 32. E necessário lembrar que como a válvula alternadora utiliza duas conexões da tampa (X e Y) só será possível a utilização de três dos quatro pórticos da válvula direcional piloto, ou seja, o pórtico B não pode ser utilizado.

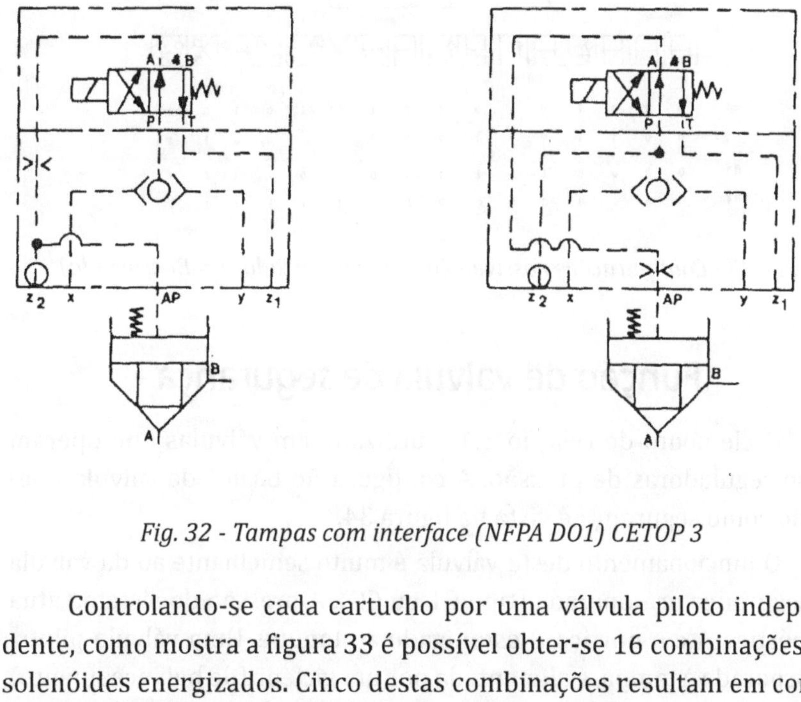

Fig. 32 - Tampas com interface (NFPA DO1) CETOP 3

Controlando-se cada cartucho por uma válvula piloto independente, como mostra a figura 33 é possível obter-se 16 combinações de solenóides energizados. Cinco destas combinações resultam em configurações idênticas, restando então 12 configurações de fluxo, ou seja, o equivalente a uma válvula direcional de 12 posições.

Outra vantagem do emprego de válvulas cartucho reside no fato de que cada cartucho pode ser calculado. e seu tamanho especificado de acordo com o fluxo que por ele passa, resultando em blocos menores e mais baratos.

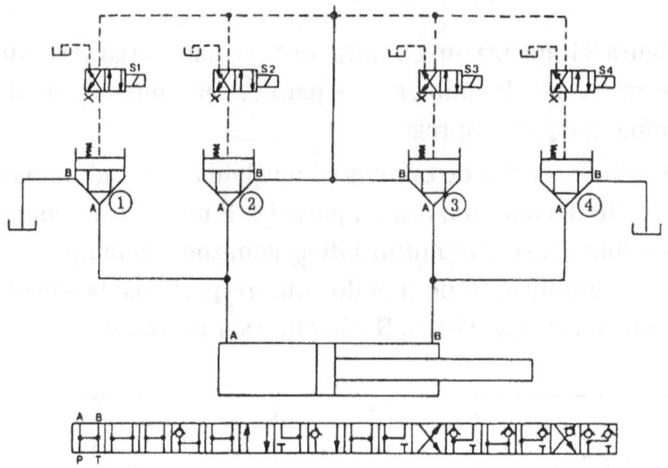

S1	0	1	0	1	0	1	0	1	0	1	0	1	0	1	0	1
S2	0	0	1	1	0	0	1	1	0	0	1	1	0	0	1	1
S3	0	0	0	0	1	1	1	1	0	0	0	0	1	1	1	1
S4	0	0	0	0	0	0	0	0	1	1	1	1	1	1	1	1

Fig. 33 - Configurações possíveis (0 = Desenergizado; 1 = Energizado)

Função de válvula de segurança

O elemento de relação 1:1 é utilizado em válvulas que operam como reguladoras de pressão. A configuração básica da válvula operando como segurança é vista na figura 34.

O funcionamento desta válvula é muito semelhante ao da válvula de segurança pré-operada (tipo CT ou CG). A pressão do sistema atua no pórtico A e o pórtico B está ligado ao tanque. Uma válvula piloto, incorporada à tampa, é alimentada por um gicleur (de balanceamento) ligado ao pórtico de entrada (A). O gicleur de balanceamento corresponde ao pequeno orifício existente no pistão balanceado da válvula pré-operada.

Sendo a pressão do pórtico A insuficiente para abrir a válvula piloto, não ocorre fluxo pelo gicleur e consequentemente não há queda de pressão, logo a pressão agindo sob (área exposta ao pórtico A) e acima (área exposta e pilotagem), do pistão serão iguais e a mola manterá a válvula fechada.

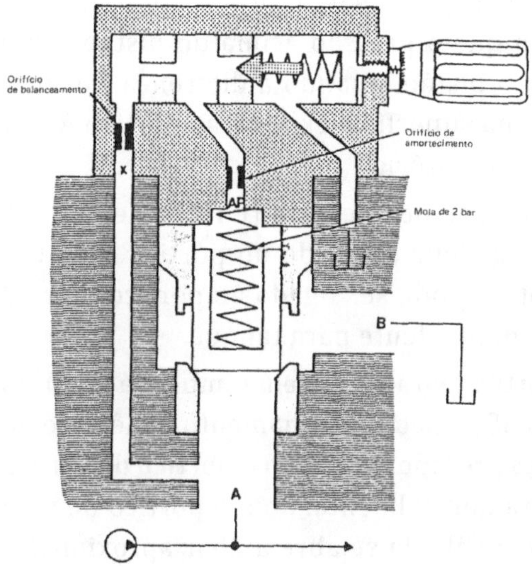

Fig. 34 - Arranjo para válvula de alivio

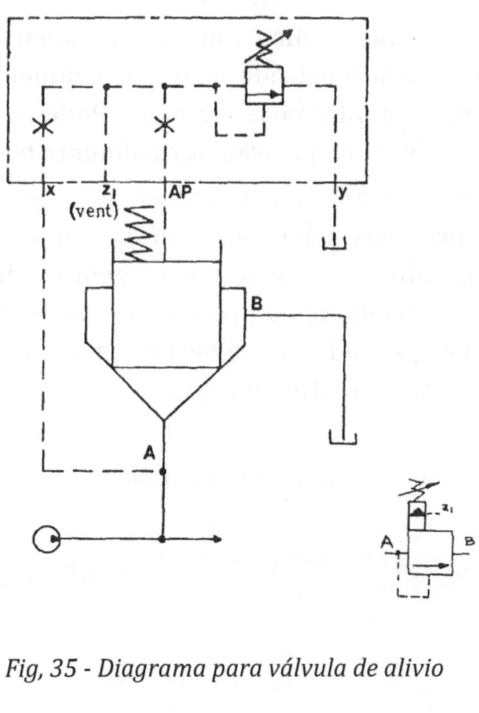

Fig, 35 - Diagrama para válvula de alivio

Quando a pressão for suficiente para abrir a válvula piloto, inicia-se o fluxo pelo gicleur, provocando uma queda de pressão, fazendo com que a pressão acima do pistão seja menor do que a pressão sob o pistão, quando a diferença for 2bar será suficiente para, agindo na superfície exposta ao pórtico A, abrir passagem em direção ao reservatório.

A velocidade de abertura (e fechamento) da válvula é determinada pelo gicleur colocado no pórtico X da tampa. O dreno da válvula piloto Y pode ser ligado ao pórtico de saída B ou pode ter tubulação independente para tanque.

Um pórtico para ventagem também é incluído à tampa (pórtico Z_1, figura 35) e seu funcionamento é idêntico ao de uma válvula de segurança pré-operada. Com o pórtico de ventagem bloqueado a válvula opera normalmente. Com o pórtico de ventagem aberto ao reservatório a válvula se abre a 2bar aproximadamente. Nas tampas para cartuchos com função de controle de pressão, há a possibilidade de se montarem válvulas piloto adicionais, com o intuito de se aumentar o campo de regulagem.

A figura 36A ilustra uma válvula direcional para ventagem, com o solenóide desernegizado ocorre o bloqueio do pórtico de ventagem e a válvula piloto passa a atuar. Pode-se inverter o feito colocando-se a válvula na posição normalmente fechada.

A figura 36B mostra uma montagem na qual há possibilidade de se obter 2 pressões máximas, além da ventagem. Com o solenóide S_1 energizado bloqueia-se a ventagem e a linha que leva à válvula piloto superior, logo a pressão selecionada será P_1. Com o solenóide S_2 energizado bloqueia-se a linha de ventagem e a linha piloto chega à válvula piloto número 2.

Obs.: Deve-se ter o cuidado de ajustar a válvula piloto 2 para uma pressão inferior à válvula piloto 1.

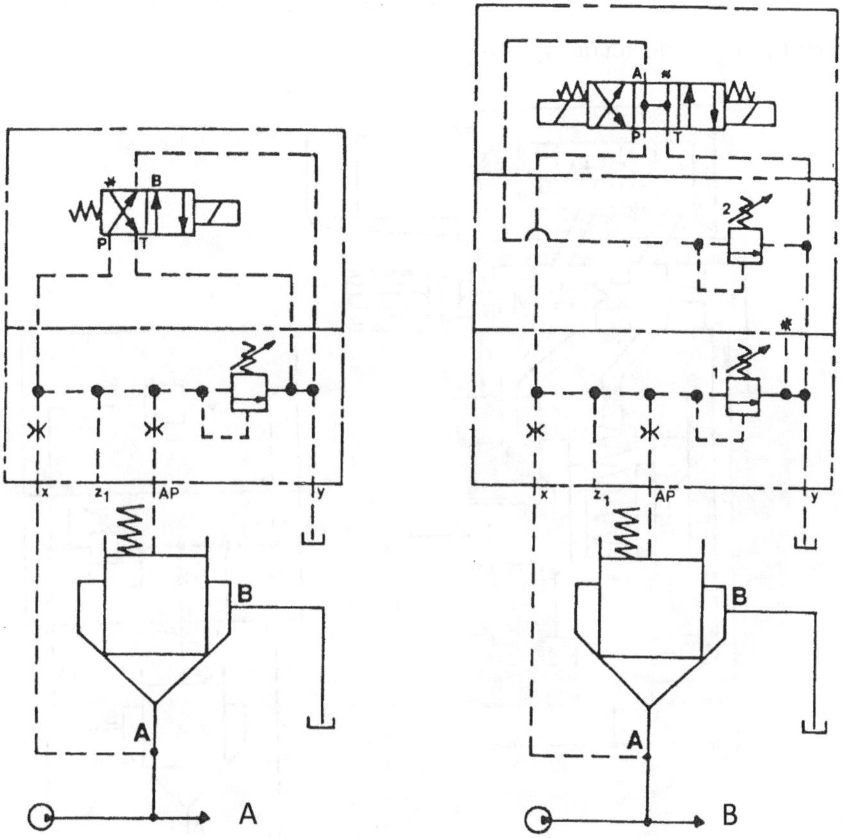

Fig. 36 - Válvula de alivio com ventagem/3 pressões através de válvula direcional

Controle digital da pressão

A figura 37 mostra um sistema capaz de aumentar a pressão do sistema de 0 a 155 bar, com incrementos de 5 bar. A pressão máxima e o incremento máximo determinam a quantidade de seções pilotos necessárias.

Por exemplo:

P_{max} = 155 bar

I = 5 bar (incrementos)

2_n = (nº de estág. + 1) → 2_n = 31 + 1 → 2_n = 32 → 2_n = 2_5 n=5

Nota: n = nº de seções piloto

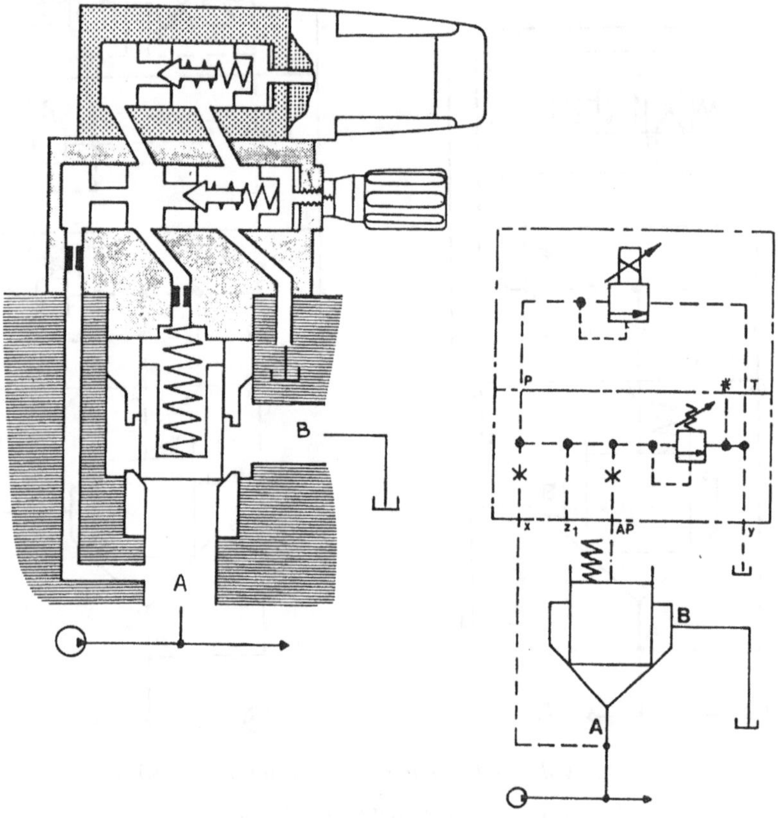

Fig. 37 - Válvula de alivio com piloto proporcional (open-loop)

Função de válvula redutora de pressão

Neste caso utiliza-se elemento de relação de área 1:1. Trata-se de um embolo deslizante, normalmente aberto. O pórtico B é o de entrada e A o de saída, com pressão reduzida. Trata-se de uma válvula pré-operada, porém seu funcionamento difere da válvula X (C) T ou X (C) G.

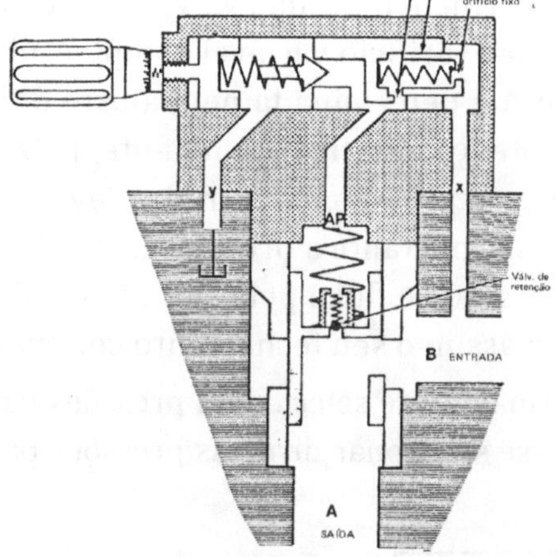

Fig. 38 - Válvula de cartucho redutora de pressão

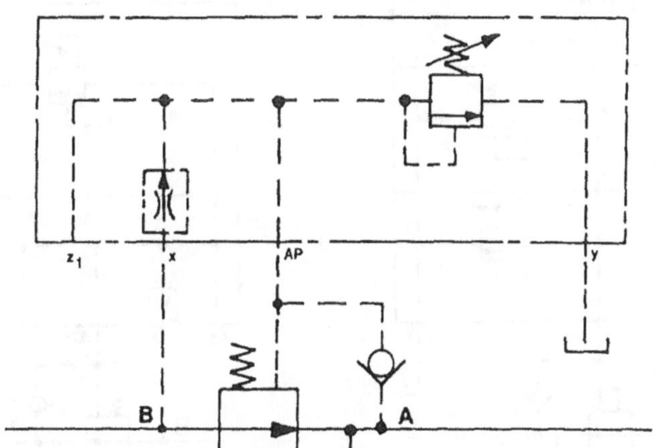

Fig. 39 - Diagrama da válvula de cartucho redutora de pressão

A válvula piloto da tampa é alimentada com pressão vinda do pórtico de entrada 8, pelo pórtico X. Em algumas aplicações da válvula a pressão de entrada pode variar, a qual atua no orifício fixo, localizado no pórtico X, esta variação de pressão poderia provocar alteração no fluxo da válvula piloto. Para compensar este evento há, no pórtico X, após o orifício fixo, uma válvula controladora de fluxo compensada à pressão (orifício variável compensado à pressão). A pressão no pórtico A é determinada pelo ajuste da válvula piloto. O objetivo da manutenção de fluxo constante, pela válvula piloto, independentemente da pressão na entrada, deve-se ao fato de ser necessário manter-se constante a pressão acima do cartucho (área de pilotagem A_x) para que o fluxo pela sua válvula de retenção seja constante, evitando assim o seu fechamento completo.

Da mesma forma que se selecionam pressões para uma válvula de segurança, pode-se selecionar diversas pressões para a válvula redutora.

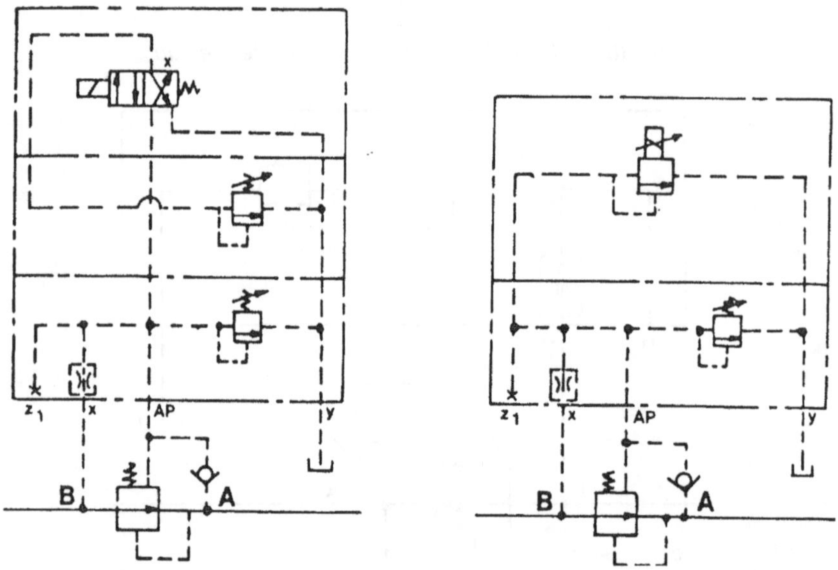

Fig. 40 - Válvula redutora com 2 pressões e com piloto proporcional

Função de controladora de fluxo

Utilizando-se um embolo com relação de áreas 2: 1 acrescido de um prolongamento com entalhes e uma tampa com limitador de curso ajustável, obtemos uma passagem estrangulada com o uso do cartucho. Com esta montagem, a válvula de cartucho restringe fluxo em ambos os sentidos, isto é, de A para B e de B para A, sem compensação à pressão de temperatura. Para a sua utilização, nos sistemas, substitui-se um, ou mais, elementos e tampas dos que constituem uma válvula direcional por elementos e tampas apropriados ao controle de vazão.

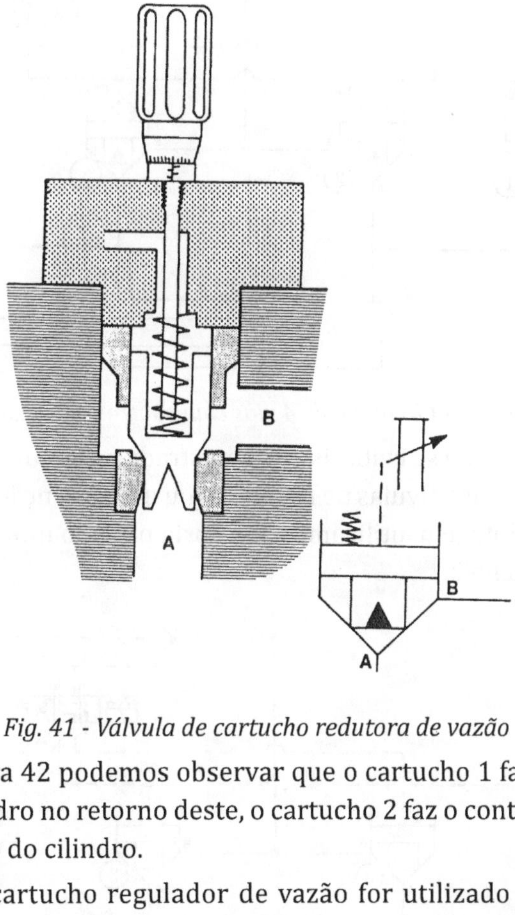

Fig. 41 - Válvula de cartucho redutora de vazão

Na figura 42 podemos observar que o cartucho 1 faz controle de saída do cilindro no retorno deste, o cartucho 2 faz o controle de entrada no retorno do cilindro.

Se um cartucho regulador de vazão for utilizado na posição 4 da figura 42, fazendo o controle de vazão na saída, com relação ao avanço do cilindro, um problema pode ocorrer. Por termos áreas diferenciais no cilindro hidráulico, ao fazermos o estrangulamento na saída (com relação ao avanço do cilindro) criamos uma intensificação de pressão, nesse ramo do circuito, que pode atuar no pórtico A do cartucho 3 abrindo-o (lembrar que o pórtico B do cartucho 3 também está submetido à pressão do sistema). Isto criará um circuito regenerativo fazendo com que o cilindro aumentasse a velocidade e perdesse força.

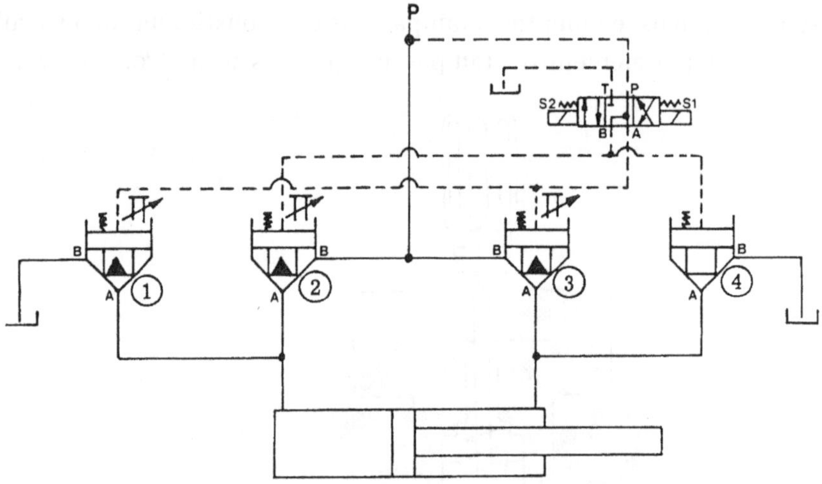

Fig. 42 - Circuito com 4 vias com controle de vazão

Uma forma de se evitar isto é a mostrada no circuito na figura 43, utilizando-se duas válvulas de retenção (ou uma retenção alternadora) na linha de pilotagem, utilizamos a própria pressão intensificada para fechar o cartucho 3.

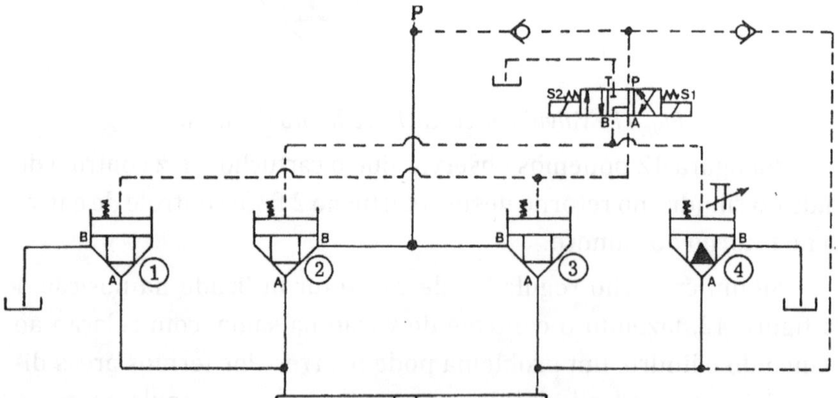

Fig. 43 - Circuito com regulagem na saída (cil. exten.)

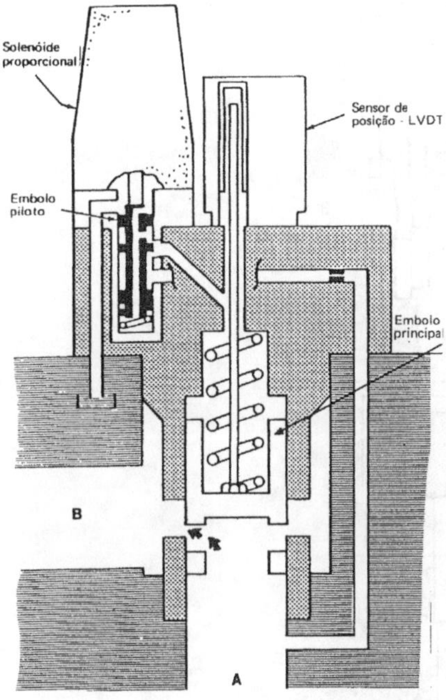

Temos um cartucho proporcional de vazão na figura 44, controlado eletricamente. A vazão passa somente no sentido A - B e a restrição ao fluxo é criada variando-se (infinitamente) a posição do embolo com relação ao assento.

O embolo é posicionado na camisa através de um solenóide proporcional e um transdutor de posição (LVDT) integrado ao próprio embolo, envia o sinal de retorno (Feed back) à cartela eletrônica de comando que faz o monitoramento e assegura a posição de abertura do embolo com relação ao assento. Este cartucho opera em circuito fechado (Closed-Loop).

Fig. 44 - Válvula de cartucho reguladora de vazão proporcional

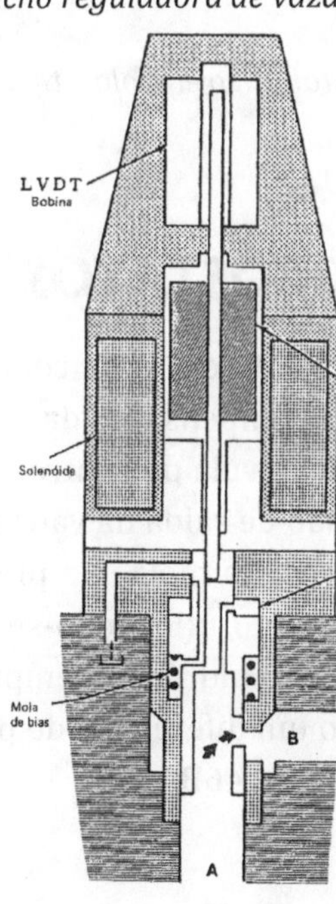

Fig. 45 - Válvula reguladora de vazão proporcional

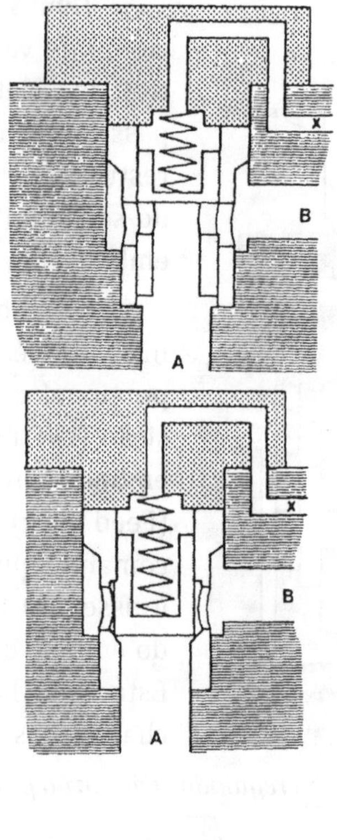

Fig. 46 - Hidróstato tipo embolo e tipo pistão

HIDRÓSTATOS

Colocando-se um hidróstato em série com a válvula de controle de fluxo, pode-se conseguir a compensação da pressão nesta válvula. A pressão dos dois pórticos da válvula de controle atua nas duas superfícies, do hidróstato. A pressão de saída da válvula de controle atua na câmara de pilotagem, junto com a mola, e a pressão de entrada atua na superfície oposta do hidróstato, utilizando-se desta forma obtém-se um diferencial de pressão fixa, o hidróstato empregado é mostrado na figura 46A. Se for necessário um diferencial de pressão ajustável utiliza-se um hidróstato fechado (fig. 46B).

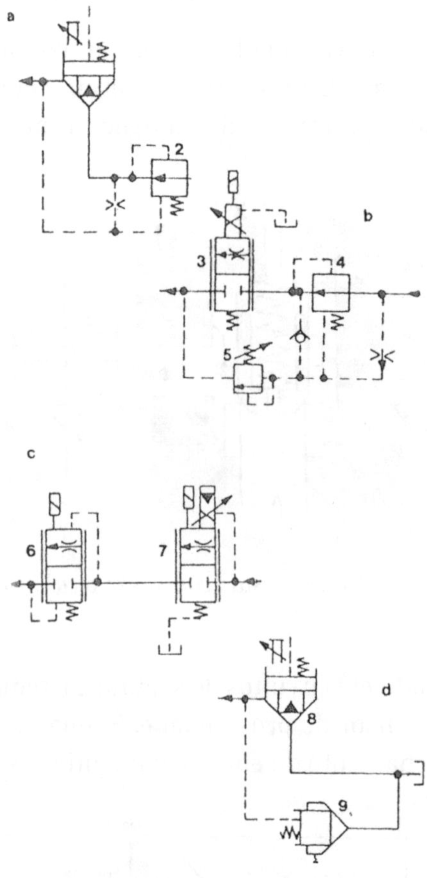

Fig. 47 - Aplicações para controle de vazão

Fig. 47A-- Nesta montagem utiliza-se o embolo de restrição (com saia entalhada) (1) e um hidrostato normalmente aberto (2). A mola do hidrostato mantém uma diferença de pressão constante de 10 bar pelo embolo de restrição, obtendo-se com isto o mesmo efeito da válvula compensada à pressão.

Fig. 47B - O hidrostato, normalmente fechado (9), mantém urna queda de 10 bar pelo embolo de restrição (8). Neste caso, no entanto, o excesso de fluxo é desviado, pelo hidrostato, diretamente ao reservatório. Este tipo de válvula constituem numa válvula de 3 vias.

Funções mistas

Uma opção com o embolo 1.1:1 é a utilização deste com um orifício calibrado na base. Esta construção permite um fluxo através do embolo e é utilizada em circuitos de sequência rápida ou como segurança.

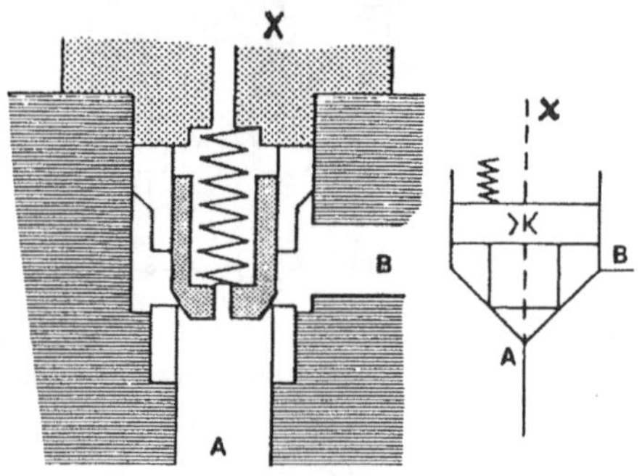

Fig. 48 - Pistão com orifício calibrado

Muito usado em circuitos de segurança, temos na figura 49 a utilização de um sensor de proximidade. É uma haste que monitoram a abertura ou fechamento do embolo para infinitas posições.

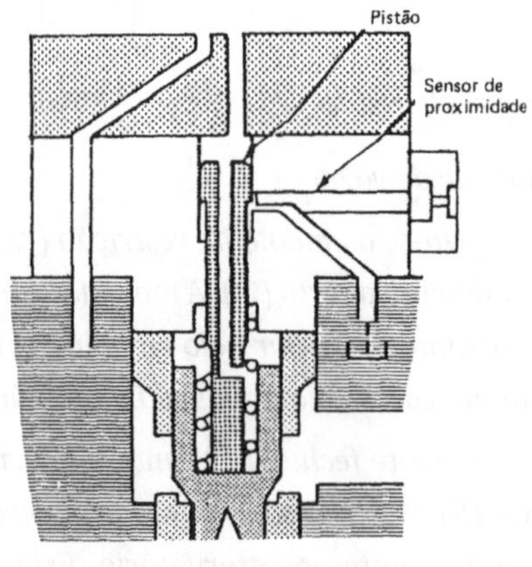

Fig. 49 - Opção para monitoramento de posição

CIRCUITOS

Neste capítulo trataremos de circuitação com válvulas de cartucho e poderemos ver a flexibilidade que estas válvulas nos propõem. Deve-se evitar, no entanto, a tendência natural de pensarmos em um circuito convencional (com válvulas direcionais de carretel) e depois convertê-lo para um circuito com válvula de cartucho, que normalmente requer menos válvulas para se obter as funções do equipamento.

C1 - Circuito regenerativo

Com S_1 e S_2 desenergizados, a pressão do sistema fica aplicada no piloto e em ambos os cartuchos, fechando-os. O cilindro não se movimentará, a menos que haja uma força externa agindo na haste do cilindro, que causará uma pressão maior que a de pilotagem abrindo assim o cartucho 1.

Energizando o solenóide S_1, o cartucho 1 permanece fechado e abrimos o cartucho 2 (linha piloto para tanque), fazendo o cilindro recuar.

Energizando S_2, o cartucho 2 permanece fechado e abrimos o cartucho 1 (linha piloto para tanque) fazendo o cilindro avançar, porque existe uma diferença de áreas no cilindro e a passagem de óleo vindo da bomba, alimenta a câmara da haste e o vindo da câmara do lado do embolo do cilindro soma-se à vinda da bomba fazendo o cilindro avançar em circuito regenerativo.

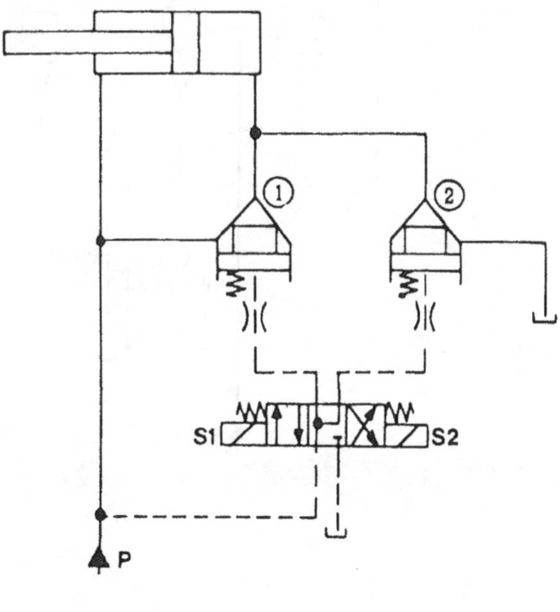

Fig. 50

C. 2 - Circuito regenerativo com força total no final do curso

Com S_1 e S_2 desenergizados, todos os cartuchos ficam fechados (assumindo-se que não há forças externas atuando no cilindro).

Ao energizarmos S_1, fechamos o cartucho 1 e abrimos o 2 e o 3, fluxo de óleo passa pelo cartucho 3, entra na câmara do lado da haste e o cilindro recua. O retorno é feito pelo cartucho 2 para tanque.

Energizando o solenóide S_2 abrimos o cartucho 1 fechamos 2 e 3, fazendo o cilindro avançar em circuito regenerativo.

Um pequeno fluxo de óleo passa da área da haste para tanque, através da válvula de retenção A, mas isto é limitado pelo orifício B. Quando o cilindro alcança o final de seu curso, a pressão na linha da câmara da haste cai, por causa do orifício B e a libera contra pressão no cilindro dando a força total no mesmo.

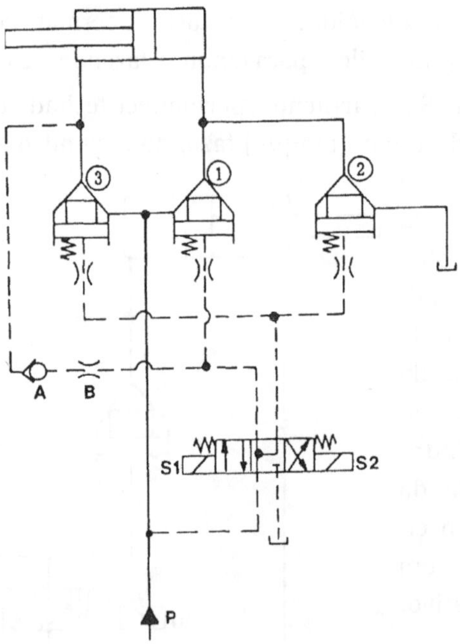

Fig. 51

Regenerativo com opção para circuito normal

Solenóides desenergizados, todos os cartuchos de (pressão piloto em todas as câmaras de cartuchos).

C.3 - Circuito Regenerativo com opção para circuito normal

Ao energizarmos S_1, os cartuchos 2 e 3 abrem e 1 e 4 permanecem fechados. O cilindro recua. Com S_2 energizado o cartucho 1 abre e o 2 fecha. A pressão do lado da câmara da haste aumenta, abre o cartucho 3 e inicia-se o avanço do pistão em circuito regenerativo.

Se o solenóide S_3 for energizado, o cartucho 4 abre e o fluxo de óleo proveniente da câmara da haste do cilindro vai para tanque. O cartucho se fecha e o cilindro avança com força total.

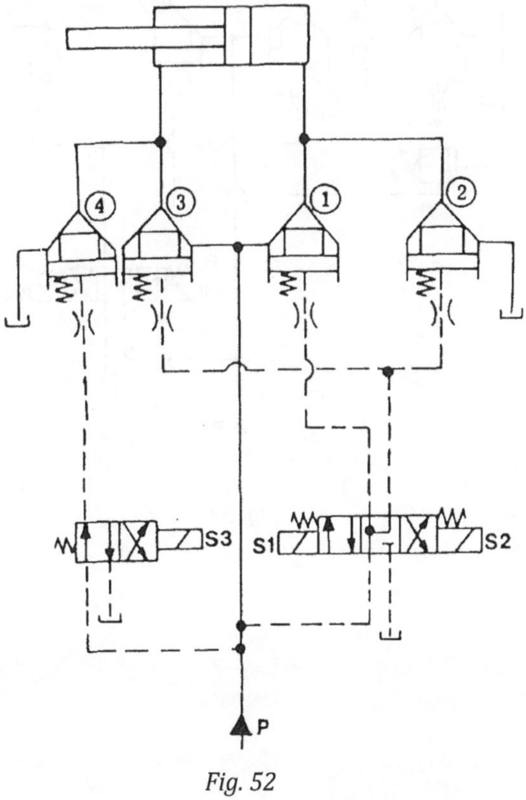

Fig. 52

C4 - Circuito regenerativo com eliminação por sequência

Este circuito opera de modo semelhante ao circuito 3, porém o corte do regenerativo ocorre com uma válvula de sequência (A).

Quando a pressão aumentar o suficiente (aumento de carga e/ou fim de curso do cilindro) para abrir a válvula A, conexão piloto do cartucho 4 fica aberta para tanque abrindo o cartucho, eliminando assim o regenerativo.

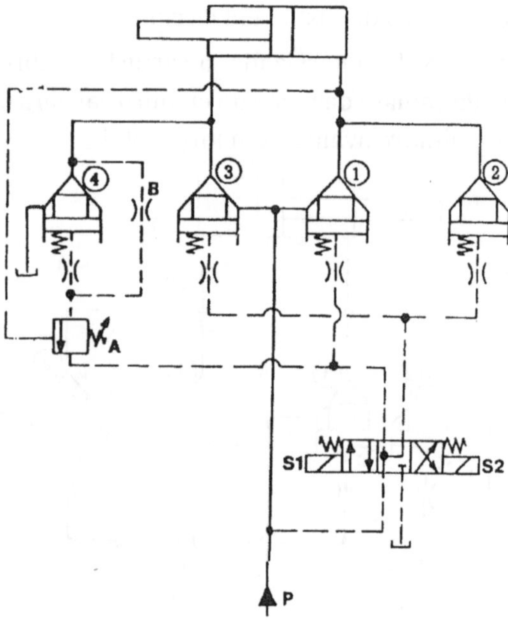

Fig. 53

C5 - Circuito com 4 vias com proteção por válvula de alivio

Quando um circuito de não intensificação (ou de alivio) é necessário, podemos modificar o circuito 4 para essa aplicação. Mudando o cartucho 1 para a configuração de válvula de alívio, temos:

Solenóide S_2 energizado, cartuchos 1 e 3 abrem fazendo o cilindro avançar. Se S_2 for desenergizado, com o cilindro avançando na velocidade máxima, a pressão aumentará na câmara do lado da haste, fazendo com que a carga seja desacelerada, essa pressão é regulada na válvula reguladora de pressão piloto C. O cartucho 1 aplica uma contra pressão no cilindro para fazer uma desaceleração e parada suave, enquanto que pela válvula de retenção B é alimentado o lado do embolo do cilindro. A válvula de retenção A previne o fluxo excessivo de óleo de pilotagem para a válvula de alívio C.

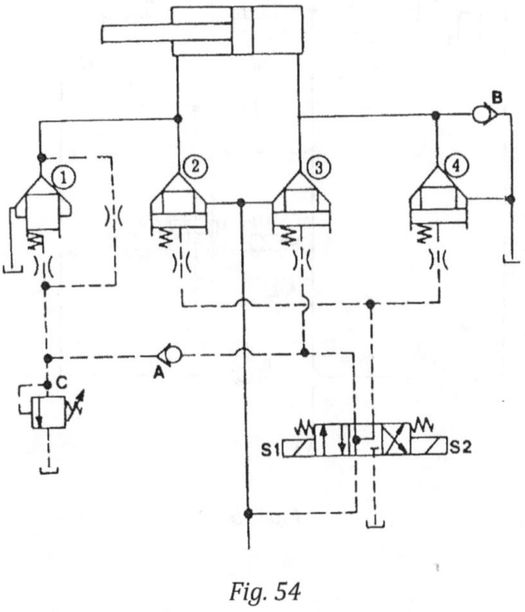

Fig. 54

C6 - Circuito de 4 vias totalmente bloqueado

Como mencionado anteriormente, forças externas atuando no cilindro, podem eventualmente abrir os cartuchos 2 ou 3. Para evitar isto faremos um arranjo com as válvulas de retenção A e B (alternadora) nos ramos de pilotagem evitando assim que os cartuchos abram via pressões intensificadas vindas das câmaras do cilindro.

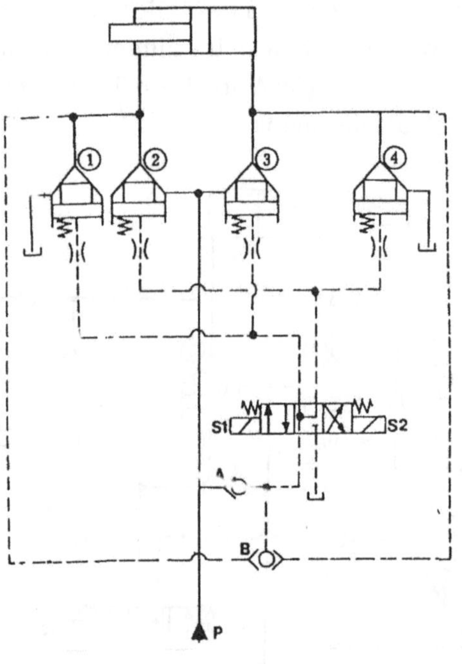

Fig. 55

C7 - Circuito com controle de vazão na entrada

Ao adicionarmos os limitadores de curso nos cartuchos 2 e 3, conseguimos controlar a vazão de entrada no cilindro, em ambas as direções. Se necessário podemos adicionar um hidrostato para obtermos um circuito com compensação de pressão.

Vale lembrar que há um pequeno vazamento na válvula direcional piloto se esta for do tipo carretel. Por isso, recomenda-se uma válvula direcional de assento no caso de circuito com máxima estanqueidade.

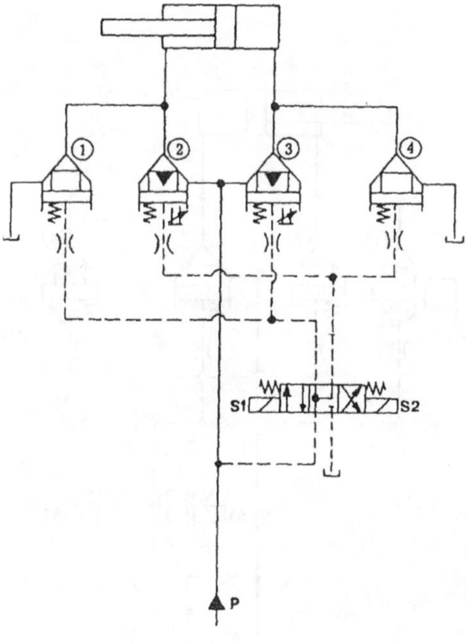

Fig. 56

C8 - Circuito com controle de vazão na saída

Conforme discutido na figura 57, se utilizarmos uma restrição para controle na saída poderemos ter uma intensificação de pressão na área da haste que abrirá o cartucho 2 criando um circuito regenerativo. Isto pode ser evitado, tomando-se uma derivação de pilotagem na linha da câmara da haste via válvula de retenção. A pressão intensificada atua também na câmara de pilotagem do cartucho 2, mantendo-o fechado. Deve-se tomar cuidado para que a intensificação de pressão não atinja níveis perigosos neste tipo de circuitos.

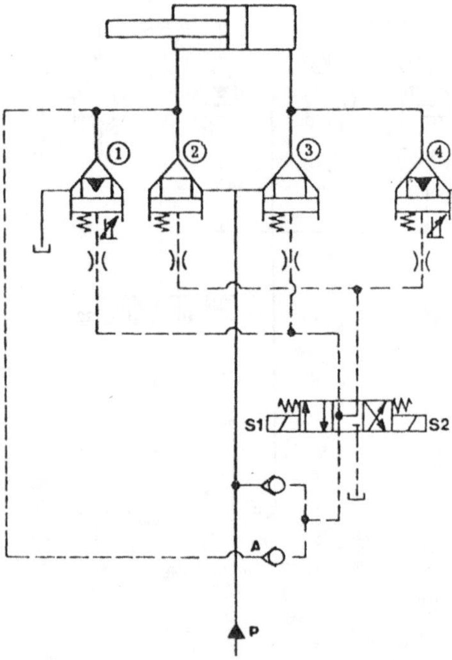

Fig. 57

C9 - Circuito com reguladora de vazão com embolo 1, 1:1

Em certas aplicações, uma alternativa para o circuito 8, pode ser a de utilizarmos um embolo com relação 1,1:1 na posição 2. A pressão intensificada atua somente em 10% da área do embolo do cartucho 2.

Se a mola utilizada no cartucho 2 for a de 2,5 bar, então este não abrirá até que a pressão intensificada exceda a pressão do sistema em 25 bar. Este sistema é utilizado em casos onde a haste do cilindro é relativamente pequena com relação ao embolo do mesmo.

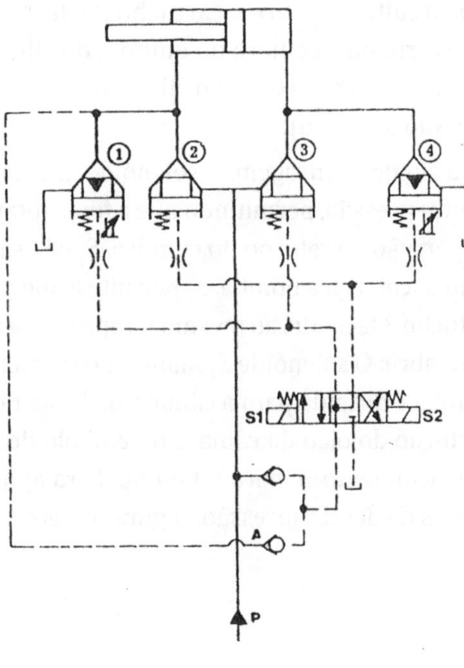

Fig. 58

C10 - Circuito de prensa simples

Este circuito mostra um sistema simples para prensa. Com todos os solenóides desenergizados, o cartucho 4 está ventado, descarregando a bomba para tanque. O cartucho 1 está em pré carga com o ajuste da válvula de alívio C, o que mantém o cilindro na posição, sem queda.

Ao energizarmos o solenóide S_1, abrimos o cartucho 1, o cilindro cai em queda livre, sendo preenchido pela válvula de preenchimento B. Após um certo curso percorrido pelo cilindro, o solenóide S_1 é desenergizado, o que retorna o cartucho 1 à condição de pré carga, na pressão ajustada na válvula de alívio C, aplicando portanto uma contra pressão no cilindro, frenando-o. Energizamos, então, S_2 e S_3 sendo que S_3 faz a bomba entrar no circuito e S_2 abre o cartucho 3 e fecha o cartucho 2. A vazão da bomba é dirigida à câmara do embolo do cilindro, fechando a válvula de preenchimento e trazendo o cilindro na condição de avanço lento (contra pressão atuando).

Para a operação de prensagem, o solenóide S_1 é energizado, eliminando assim a contra pressão, permitindo que a força total do cilindro seja atingida. Para a operação de retorno do cilindro, S_1 e S_3 são energizados e S_3 é desenergizado S_3 carrega a bomba, S_2 permite a abertura do cartucho 2 e mantém o cartucho 3 fechado, ao mesmo tempo pilota a válvula de preenchimento B para abrir. O solenóide S_1 mantém o cartucho 1 em pré carga. A vazão da bomba é dirigida para a câmara da haste do cilindro levantando-o, e há o retorno do óleo da câmara do embolo do cilindro através da válvula de preenchimento B, para o tanque. Para aplicações práticas, faltariam os circuitos de descompressão, segurança, etc.

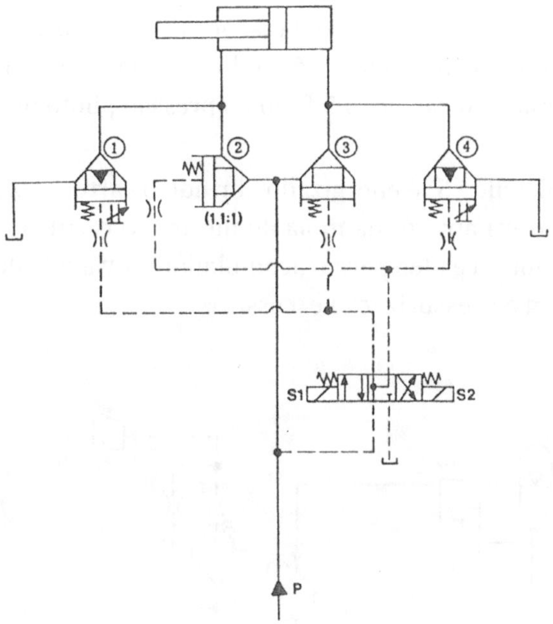

Fig. 59

C11 - Circuito de tesoura

Este circuito mostra uma tesoura, conforme descrevemos abaixo: Como solenóide S_1 energizado, o cartucho 3 está ativado. A vazão da bomba passa inicialmente pelo cartucho de retenção 1 para travar o cilindro. O solenóide 2 é desenergizado para manter o cartucho 2 fechado.

O cilindro de travamento avança para travar a peça. Quando a peça estiver totalmente travada, a pressão aumenta até a regulagem na válvula C, na qual o cartucho 4 abre permitindo a passagem da vazão da bomba para a câmara do embolo do cilindro da tesoura. O cartucho 5 será mantido na posição pela pilotagem via pressão do sistema.

O cilindro da tesoura desce, sendo que a vazão que sai da câmara da haste vai para o acumulador. Ao se completar o curso de corte, o solenóide S_1 é desenergizado, aliviando o cartucho de alívio 3 descarregando todo sistema. O cilindro da tesoura é então levantado pelo óleo armazenado no acumulador o óleo do lado da câmara do embolo do cilindro passa pelo cartucho 5 (não há pressão piloto no mesmo) indo para tanque.

O solenóide S_2 é energizado abrindo o cartucho 2 retornando o cilindro de trava através da mola do mesmo. O cartucho 6 de redução de pressão, fornece óleo para o acumulador e a válvula de alívio B protege-o contra a pressurização excessiva.

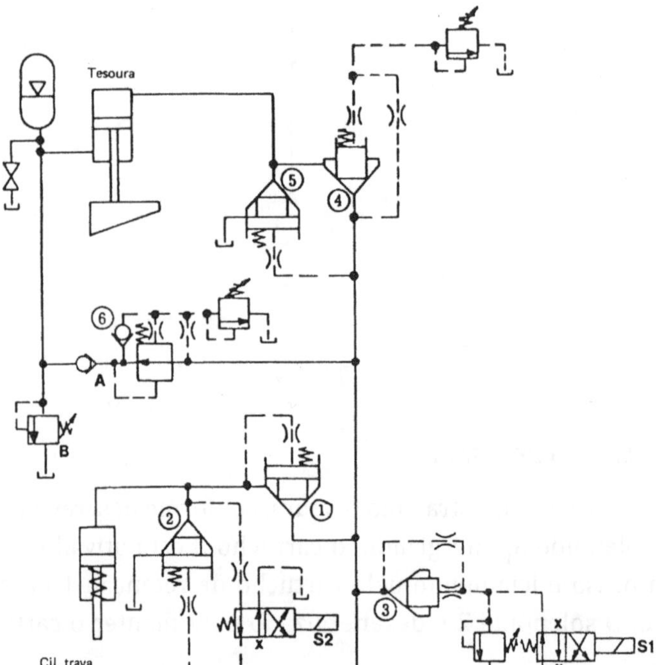

Fig. 60

C12 - Circuito de máquina injetora de plásticos

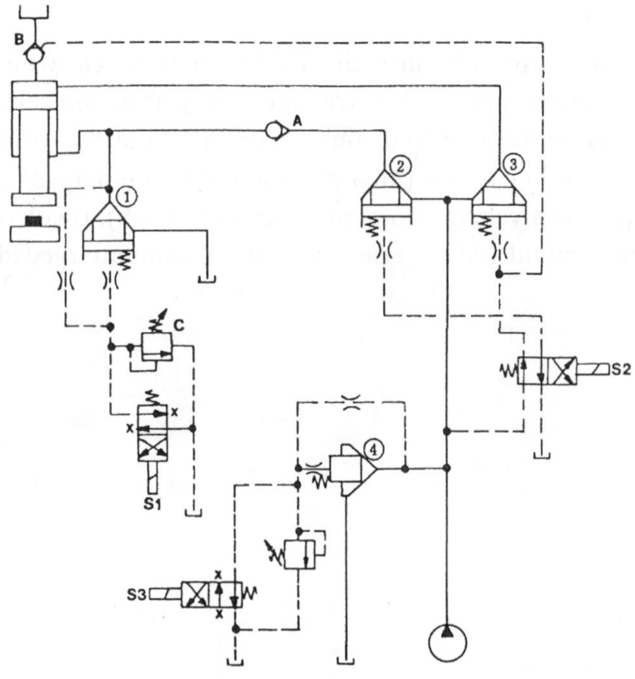

Fig. 61

Este circuito é utilizado em uma máquina injetora de plásticos, e descreveremos a seguir o ciclo da máquina. Os solenóides S_1 e S_3 são inicialmente energizados. S_1 abre os cartuchos 3 e 5 e o cilindro de injeção avança com a velocidade estabelecida pela regulagem no cartucho 3.

A conexão piloto do cartucho 2 está, nesse momento, conectado às válvulas de alívio pilotos B e C, e como o pórtico de saída de C está pressurizado, a válvula B determina a máxima pressão de injeção no cilindro. O solenóide S_4 é então energizado conectando o pórtico de pilotagem do cartucho 2 à válvula de alívio A, cuja regulagem mantém a pressão de injeção.

Após certo tempo, o solenóide S_5 é energizado abrindo o cartucho 1 que por sua vez faz com que o motor hidráulico gire à uma rotação pré ajustada no cartucho 2. Esta pressão abre a válvula de alívio C, que ajusta o cartucho 2 na pressão para retorno da rosca plastificadora, via motor hidráulico.

Enquanto o motor hidráulico gira, o cilindro de injeção é empurrado para trás mecanicamente (contra a pressão gerada ·no cartucho 2) com o óleo sendo succionado do tanque através do cartucho 5, para a câmara da haste do cilindro (uma pressão positiva é necessária na linha de tanque para vencermos a mola do cartucho 5). O solenóide S_2 permite que o cilindro de injeção seja hidraulicamente recuado se necessário.

CAPÍTULO 2

OS ACUMULADORES HIDRÁULICOS

Um acumulador hidráulico é um elemento que armazena energia potencial de um fluído praticamente incompressível, mantido sob pressão por um agente externo contra uma força dinâmica.

Essa força dinâmica pode ser em forma de força da gravidade, de elasticidade de molas ou de compressibilidade de gases. A energia potencial no acumulador é sempre disponível como uma rápida fonte de potência fluidrica quando exigida para realizar o trabalho exigido pelo sistema no qual ele está aplicado.

TIPOS DE ACUMULADORES

Existem três tipos básicos de acumuladores normalmente utilizados nos sistemas hidráulicos:

- Com peso (age pela força da gravidade);
- De mola;
- Com gás.

Os acumuladores que utilizam gás podem ser ainda divididos em;

- Do tipo com separação, ou
- Do tipo sem separação.

Os acumuladores que utilizam gás e são do tipo com separação podem ser:

- Tipo pistão;
- Tipo diafragma;
- Tipo bexiga.

Acumulador com peso

Esse tipo de acumulador é historicamente o mais antigo e, normalmente, são empregados como um elemento único operando uma bateria de máquinas acionadas hidraulicamente. Essencialmente, o acumulador por peso consiste de um cilindro vertical de aço, com paredes espessas, com acabamento interno razoável, um êmbolo com vedações adequadas e,sobre ele, uma cesta na qual são colocados os pesos necessários.

A força da gravidade sobre a massa contida na cesta confere a energia potencial ao acumulador. Essa energia mantém uma força constante e uniforme mente distribuída sobre o fluido. A pressão nesse tipo de acumulador varia com a carga colocada na cesta. A grande vantagem desse tipo de acumulador é a de que ele fornece pressão constante durante todo o período de descarga, independente do volume utilizado e da velocidade com que o fluido é expulso. Em outros tipos de acumuladores, a pressão diminui em função do volume expulso do acumulador.

Outra vantagem desse tipo de acumulador é a sua capacidade de fornecer grandes volumes de fluido sob altas pressões. As grandes desvantagens desse tipo de acumulador são o seu tamanho extremamente grande e o peso elevado que se deve utilizar, o que o toma inaplicável em equipamento móvel.

Além disso, o tamanho extremamente grande e o consequente alto custo tornam proibitivo a instalação de mais de um acumulador desse tipo num conjunto de prensas e máquinas acionadas hidraulicamente. É óbvio, por outro lado, que se esse acumulador falhar por alguma razão, todas as máquinas acionadas por ele, na fábrica, também deixarão de operar, causando problemas financeiros e de produção.

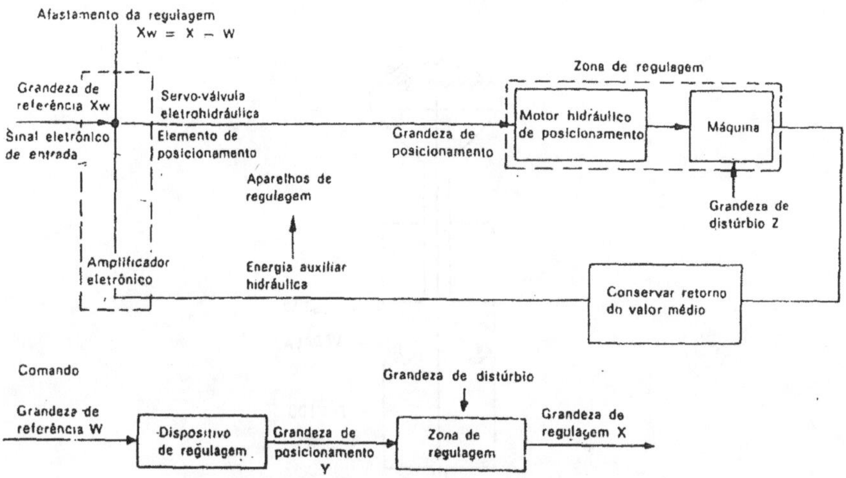

Fig. 1

Acumuladores com mola

Um acumulador de mola consiste de um cilindro com razoável acaba mento interno e um êmbolo deslizante com um sistema de vedação. O êmbolo é mantido sob carga pela mola. A compressibilidade ou elasticidade da mola é a fonte de energia que age contra·o êmbolo forçando o fluído contra o sistema.

A pressão gerada por esse tipo de acumulador, depende da constante da mola e da pré-compressão. Por outro lado, a pressão exercida sobre o fluído não é constante como no caso dos acumuladores com peso. Acumuladores com mola fornecem somente um pequeno volume a baixa pressão e tendem a ser muito reforçados e volumosos para emprego em sistema de alta pressão e grandes volumes e tem uma vida útil dependente da durabilidade da mola.

O uso desses acumuladores em aplicações que envolvem ciclos rápidos não é recomendado já que pode levar rapidamente a mola à fadiga e perda da elasticidade, tomando-se inoperativos.

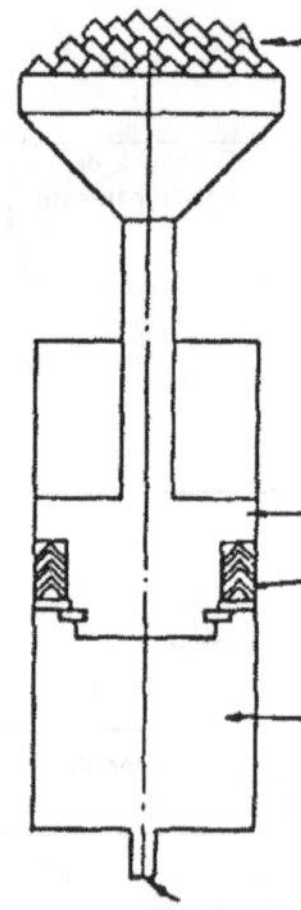

Fig. 2

Acumuladores com gás

Os acumuladores com gás, que tem demonstrado ser mais prático do que os com peso e de mola, operam de acordo com o princípio apresentado pela lei dos gases, de Boyle: "A pressão num gás varia inversamente com o volume, mantendo-se constante a temperatura".

Em termos de acumuladores, isso significa, por exemplo, que um dado volume de gás confinado será comprimido a metade do seu volume inicial se a pressão for duplicada, desde que a temperatura seja mantida constante.

A compressibilidade dos gases nesse tipo de acumuladores é usada como fonte de energia potencial. Essa energia é utilizada para forçar o fluido para fora do acumulador quando é permitido ao gás expandir-se em vista da redução da pressão do sistema, por exemplo, pela atuação de qualquer acessório.

O volume a mais e a alta pressão, não utilizado pelo sistema é mantido no acumulador, pelo aumento da pressão de pré-carga, causada.pelo óleo. Os acumuladores com gás são divididos em duas categorias principais:

- Sem separação gás-óleo
- Com separação gás óleo

Acumuladores a gás sem separação

Esse tipo de acumulador consiste de uma garrafa totalmente fechada com uma tomada inferior, para a entrada/saída de óleo e um superior para a colocação de gás. O gás é confinado no topo e o fluído na base da garrafa.

O gás é confinado no topo e o fluído na base da garrafa. O gás age diretamente sobre o fluído, sem separação física entre eles. A primeira vantagem desse tipo é a habilidade de acomodar grandes volumes de fluído.

A maior desvantagem é a possibilidade do gás ser absorvido pelo fluido e sair com ele já que não existe separação. Além disso, se é atingida a menor pressão do sistema, o óleo sai completamente do acumulador e o gás penetra no sistema, causando uma operação descontínua dos atuadores ou até quebras de componentes devido à possível cavitação.

Outra desvantagem é de que a pressão de pré-carga deve ser verificada regularmente devido a gradual absorção do gás pelo fluido. Esse tipo de acumulador só pode ser montado em posição vertical, para assegurar que o gás esteja realmente na parte superior da garrafa.

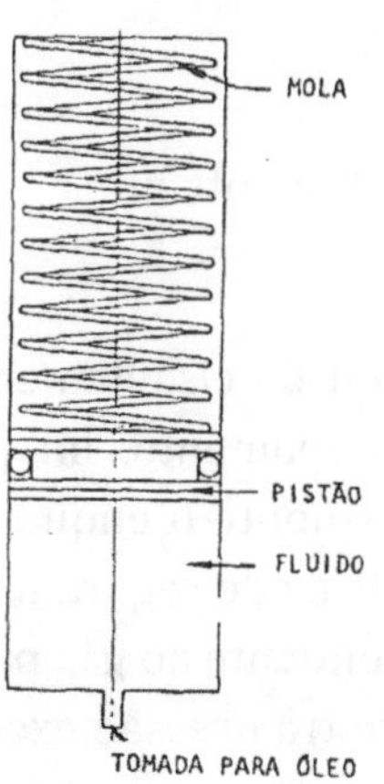

ACUMULADOR COM MOLA

Fig. 3

Para evitar que o gás entre no sistema, somente dois terços da capacidade do acumulador pode ser utilizado. O restante do volume deve permanecer na garrafa como obstáculo a fim de evitar esse problema. O uso desses acumuladores com bombas de alta rotação não é adequado, visto que o gás diluído no fluido pode causar cavitação e quebra de componentes.

Acumuladores a gás com separação

Os tipos mais empregados de acumuladores hidropneumáticos, são do tipo com separação. Nesse tipo de acumulador há uma barreira física entre o gás e o fluido, permitindo utilizar efetivamente a compressibilidade do gás. Os acumuladores com separação normalmente empregada são:

- De pistão flutuante;
- De diafragma;
- De bexiga.

Acumulador a gás com separação tipo pistão flutuante

Esse tipo de acumulador consiste de um tubo com a superfície interna usinada, com precisão e um pistão flutuante, com vedações adequadas, que servem como separadores. As tampas do cilindro são fixadas de diversas maneiras, tais como:

- anel de fixação roscado;
- anel de cisalhamento;
- soldado ou roscado diretamente no cilindro.

Um anel roscado ou de cisalhamento confere segurança ao equipamento, im pedindo que o operador desmonte-o enquanto ele está carregando. Um disco de segurança é colocado no lado correspondente ao gás para proteger o acumulador contra pressão excessiva e evitar acidentes graves.

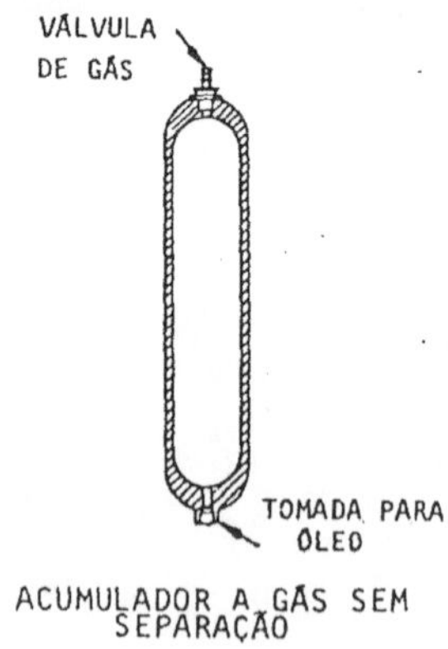

Fig. 4

A principal desvantagem dos acumuladores de pistão flutuante é que são de alto custo e tem limitações práticas de tamanho. Além disso, o atrito do pistão e das vedações tem efeitos desvantajosos em sistemas de baixa pressão. Também nota-se que vazamentos apreciáveis ocorrem após um determinado tempo, tornando necessário frequentes pré-cargas.

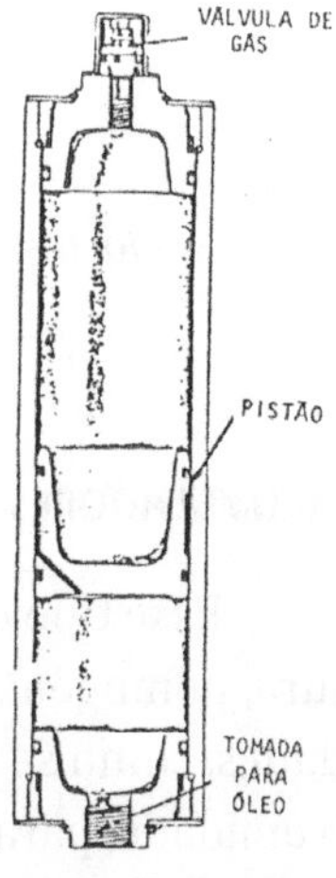

Fig. 5

Além disso, as vedações se desgastam e, desde que os vazamentos resultantes disso não são tolerados, elas devem ser substituídas imediatamente. A contaminação, mesmo pequena, do fluído no acumulador, acelera o desgaste das vedações, assim como danificarão o acabamento interno do cilindro, tomando-o inoperativo.

Esse tipo de acumulador é de manutenção cara e o desgaste é, as vezes, tão acentuado que ele deve ser substituído. Os acumuladores de pistão flutuante, não podem ser utilizados como amortecedores ou absorvedores de choques, em virtude da inércia do pistão e do atrito das vedações.

A grande vantagem desse tipo de acumulador é a sua habilidade para operar em sistemas de altas e baixas temperaturas, desde que se empreguem vedações compatíveis.

Acumuladores a gás tipo diafragma

Os acumuladores tipo diafragma são, na maioria, de forma esférica(figura 6). Eles consistem de dois hemisférios usinados que são mecanicamente aparafusados ou roscados, um ao outro, em torno de sua periferia.

Um diafragma de borracha, de formato especial, é mantido fixo pela união dos dois hemisférios. Um dispositivo especial pode ser utilizado para evitar que o diafragma seja extrudado pela tomada de óleo.

A grande vantagem desse tipo de acumulador é a sua pequena relação peso/volume, uma característica que o torna adequado para utilização em aviação.

Fig. 6

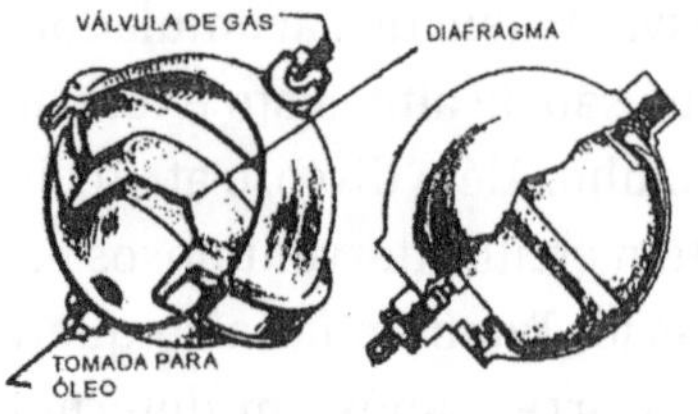

Acumuladores a gás tipo bexiga

Esse tipo de acumulador consiste de uma garrafa de aço, sem costura, homogênea, cilíndrica no corpo e esférica em ambas as extremidades, como se vê na figura 7. A garrafa tem uma abertura em uma extremidade, para montagem de uma válvula para gás e uma na outra extremidade para introdução da bexiga e montagem da tomada de óleo.

A bexiga é totalmente fechada, em forma de pera, flexível e feita com borracha sintética, sendo uma impermeável capa para gás. Ela é montada por meio de uma contra porca, na parte superior da garrafa.

A base da garrafa é fechada pelo conjunto que forma a tomada para óleo, que contém uma válvula normalmente mantida aberta por uma mola, permitin do que o óleo saia da garrafa, porém evita que a bexiga seja extrudada através da tomada.

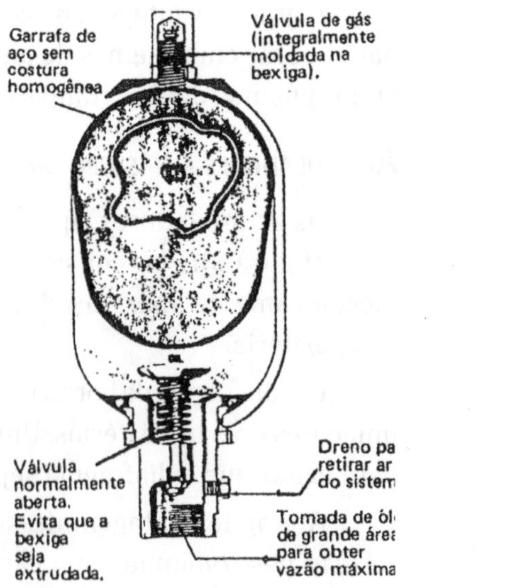

Fig. 7

Acumulador com gás de bexiga

A peça que constitui a tomada de óleo é montada na base da garrafa, pela sua introdução total e fixação com um anel de borracha, anti-extrusão. Esse tipo de construção é usado para conferir montagem do acumulador, se houver gás sob pressão na bexiga.

Outro dispositivo de segurança nesse tipo de acumulador permite que a boca da garrafa expanda-se sob uma pressão abaixo da tensão de ruptura do material, extrudando o anel "O" de vedação, permitindo o alívio da pressão do óleo seguramente.

A construção da bexiga nesse tipo de acumulador permite alta eficiência volumétrica. Ela expande-se primeiro em torno do seu topo e seu maior diâmetro, onde sua parede é mais fina.

Só após essa primeira expansão, então ela se espalha para baixo e para os lados, contra as paredes da garrafa, forçando o óleo a sair completamente. A grande vantagem desse tipo de acumulador é a separação positiva entre o gás e o óleo, tornando o vazamento entre o dois praticamente impossível. Essa importante característica permite a sua utilização para transferência de líquidos.

Em virtude do baixo peso, a resposta desse acumulador é extremamente rápida, permitindo aplicações como regulador de pressão, amortecedor de pulsações de bombas ou choques.

APLICAÇÕES DE ACUMULADORES

Os acumuladores têm variadas aplicações em sistemas hidráulicos. Eles são principalmente:

- Fonte de potência auxiliar;
- Compensador de vazamentos;
- Compensador de expansão térmica;
- Fonte de potência para emergência;
- Compensador de volume;
- Eliminador de pulsações e absorvedor de choques;
- Fonte de potência em circuitos de duas pressões;
- Dispositivo de sustentação;
- Dispositivo de transferência,
- Fornecedor de fluido.

Fonte de potência auxiliar

A mais comum aplicação de acumuladores hidráulicos é como fonte de potência auxiliar. Nessa aplicação, o acumulador armazena o fluido carregado pela bomba durante uma porção de ciclos de trabalho

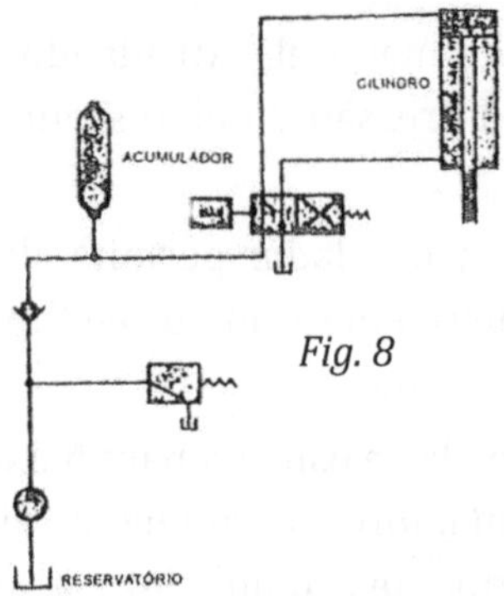

Fig. 8

e depois entrega esse fluido na quantidade suficiente para completá-lo, sendo assim, uma fonte de potência secundária e auxiliando a bomba.

Num sistema hidráulico que deve executar operações intermitentes, o uso de acumulador reduzirá o tamanho da unidade hidráulica. Na aplicação mostrada na figura 8, uma válvula de 4 vias, duas posições, operada manualmente é utilizada em combinação com o acumulador. Quando a válvula é acionada, o óleo sai do acumulador para o lado da cabeça do cilindro. O êmbolo avança até atingir o fim do curso. Enquanto a operação está sendo feita o acumulador é carregado pela bomba.

A válvula de quatro vias é então deslocada para permitir o retorno do êmbolo. O óleo do acumulador e da bomba vai rapidamente para o lado da haste do cilindro, trazendo o êmbolo à posição original. O tamanho do acumulador é selecionado, para fornecer uma quantidade de óleo capaz de realizar um ciclo. E ser carregado entre um ciclo e outro.

Compensador de vazamento

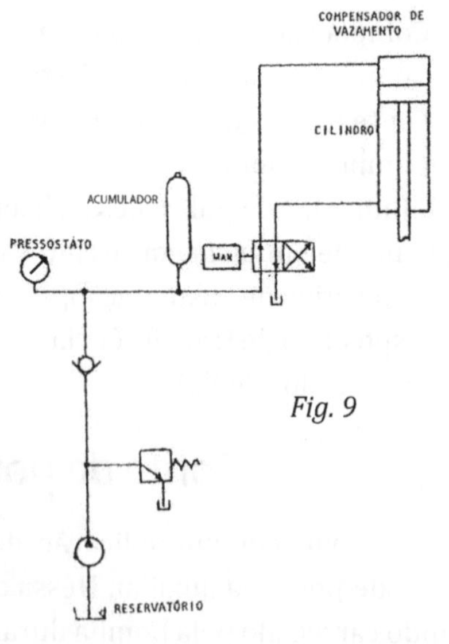

Fig. 9

Outra aplicação para um acumulador é como compensador para vazamentos internos ou externos, que ocorram durante um período prolongado em que o sistema é pressurizado, mas não está operando. A figura 9 mostra um circuito hidráulico empregando um acumulador como compensador de vazamento.

A bomba carrega o acumulador e o sistema até que a máxima pressão regulada no pressostato é atingida o contato no pressostato abre, parando o motor elétrico e a bomba automaticamente. O sistema pode ser pressurizado por um período longo de tempo, até que o óleo reposto para compensar vazamentos, vindo do acumulador, provoque uma queda na pressão até a mínima permitida, regulada no pressostato. O contato fecha o circuito elétrico do motor elétrico, fazendo a bomba recarregar completamente o sistema. Um acumulado, nessa aplicação, economiza energia elétrica, reduz a geração de calor no sistema que seria gerado pela operação constante da bomba contra a válvula de alívio.

Compensador de expansão térmica

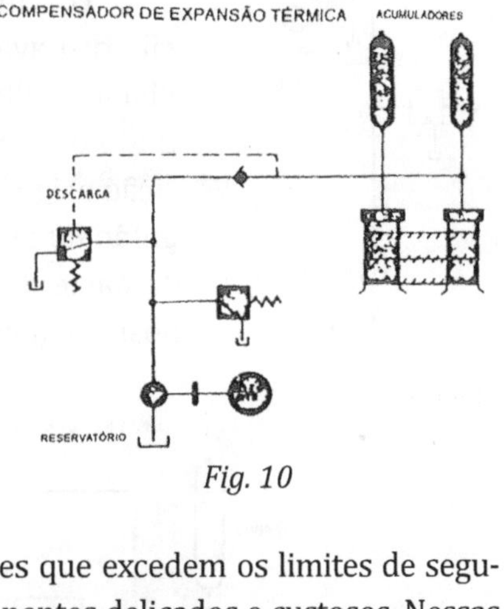

Fig. 10

Quando sistemas hidráulicos de circuitos fechados são submetidos a condições de calor, as linhas e o óleo hidráulico aumentam de volume. Desde que o coeficiente de expansão cúbica de muitos líquidos seja maior do que o do material dos tubos, o volume expandido do óleo aumenta a pressão do sistema inteiro. Essa condição pode causar pressões que excedem os limites de segurança ou provocam quebra em componentes delicados e custosos. Nessas condições, a instalação de um acumulador de capacidade adequada, pré-carregado para a pressão normal de trabalho do sistema, permite um aumento de volume para o óleo, reduzindo a pressão para valores seguros.

Fonte de potência para emergência

Em alguns sistemas hidráulicos é necessário, por razões de segurança, retroceder as hastes de certos cilindros para a posição inicial, se o fornecimento normal de óleo sob pressão para cilindro é interrompida, por falha da bomba ou motor elétrico.

Tais aplicações exigem o uso de um acumulador de capacidade adequada, é como fonte de potência de emergência. A figura 9, mostra um circuito simples, no qual um acumulador é usado para emergência.

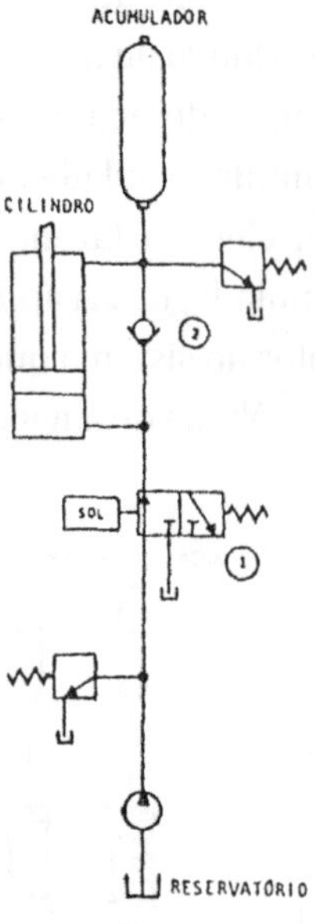

Fig. 11

Nesse circuito, uma válvula de três vias, duas posições, operada por solenóide é empregada juntamente com o acumulador. No cilindro, a área da haste é a metade da área total. Quando a válvula direcional é acionada, o óleo vai para o lado da cabeça do cilindro, através da válvula de retenção, permitindo que ele também chegue até o lado da haste do cilindro e acumulador.

O acumulador se carrega à medida que o cilindro avança. Se a bomba falha ou o motor elétrico falha, o solenóide é desativado, permitindo o retorno da válvula direcional à sua posição original. O óleo armazenado sob pressão é então forçado pelo acumulador a entrar no lado da haste do cilindro, retrocedendo o êmbolo a posição inicial.

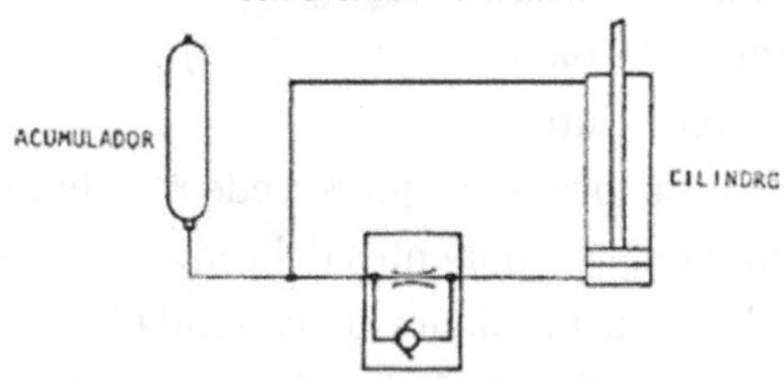

Fig. 12

Compensador de volumes

Num sistema hidráulico fechado, um acumulador pode ser usado efetivamente como um dispositivo compensador de volume. O acumulador compensa a diferença de volume entre o lado da cabeça e o lado da haste do cilindro hidráulico. Quando a haste do cilindro é empurrada para dentro por uma força externa, o óleo é forçado a sair do lado da cabeça, passar pela válvula reguladora de vazão e ir para o lado da haste. A válvula reguladora de vazão é empregada para reduzir a velocidade do êmbolo, evitando choque no fim do curso.

Desde que o volume do óleo no lado da cabeça do cilindro é maior do que no lado da haste, devido a diferença no volume resultante do espaço ocupado pela haste, há um excesso de óleo que deve ser armazenado em algum lugar. O acumulador é uma solução satisfatória, aumentando a pressão.

Quando a solicitação externa é removida da haste, o acumulador devolve a energia acumulada para estendê-la. Novamente, o acumulador, pela descarga ao sistema compensa o espaço maior disponível no lado da cabeça do cilindro.

Eliminador de pulsações e absorvedor de choques

Uma das maiores aplicações industriais de acumuladores é a eliminação ou redução de pulsações ou choque hidráulico nas linhas.

Choque hidráulico (ou golpe de aríete) é normalmente causado pelo repentino corte ou desaceleração do flui do que corre em alta velocidade por uma linha. O choque hidráulico gera uma onda de compressão junto à fonte (uma válvula de fechamento rápido), que se desloca a velocidade do som de volta a extremidade inicial da linha, novamente de volta a fonte, causando um aumento na pressão da linha. Essa onda vai e volta em toda a extensão da linha até que seja eliminada finalmente pelo atrito. As rápidas pulsações ou altos picos da pressão podem causar quebra de bombas, nas linhas vazamentos externos e danos graves nas válvulas e instrumentos.

Para instalação de um acumulador junto a válvula de fechamento rápido (fonte de choque), o choque pode ser eliminado.

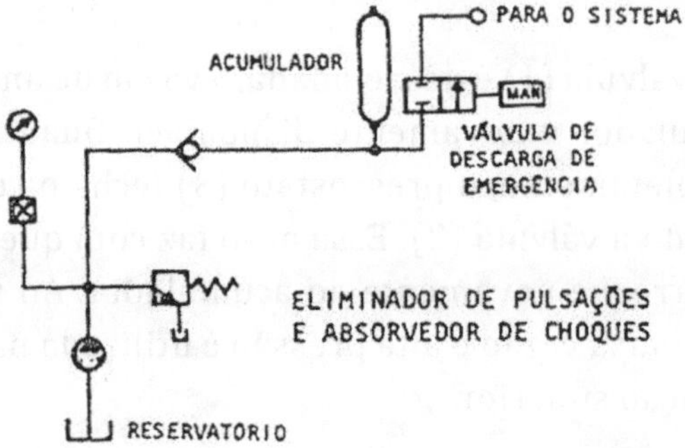

Fig. 13

Fonte de potência em circuitos de duas pressões

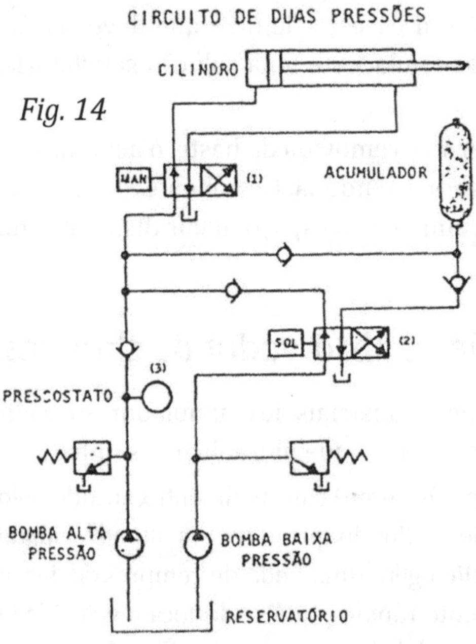

Fig. 14

A figura 14 mostra o uso de um acumulador, num circuito de duas pressões para uma prensa hidráulica. Numa aplicação dessas, um acumulador permite um aumento na capacidade de óleo, para aumentar a velocidade do êmbolo durante o curso de aproximação. Assim, reduz-se o tempo do ciclo e a potência necessária.

O sistema ilustrado usa uma bomba de alta vazão e baixa pressão e, uma baixa vazão e alta pressão. Quando a válvula direcional de quatro vias, (1) é acionada para avançar o êmbolo, a vazão das duas bombas e o óleo armazenado no acumulador, vão para o lado da cabeça do cilindro e o êmbolo move-se rapidamente, à baixa pressão.

Quando a haste encosta na peça a ser trabalhada, a pressão do sistema sobe imediatamente, fechando o contato do pressostato (3). A válvula (2) é então acionada, permitindo que a bomba de alta vazão recarregue o acumulador. A bomba de baixa vazão e alta pressão continua a fornecer óleo sob alta pressão ao cilindro para a operação.

Quando a válvula (1) é desacionada, a vazão de ambas as bombas e do acumulador é novamente disponível. Quando o cilindro retrocede completamente, o pressostato (3) fecha o contato novamente, acionando a válvula (2). Essa ação faz com que a bomba de alta vazão recarregue novamente ao acumulador. Ao mesmo tempo, a bomba de baixa vazão e alta pressão é utilizada para manter o cilindro na posição superior.

Dispositivo de sustentação

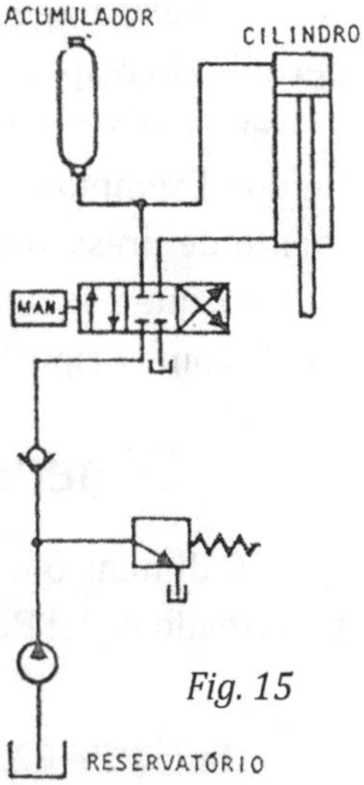

Fig. 15

No sistema hidráulico onde é necessário manter alta pressão num cilindro por longos períodos de tempo, um acumulador pode ser usado efetivamente. Ele também elimina as variações de pressão criada pelos diversos ramos do sistema.

Na figura 14, quando a alavanca da válvula direcional 3 vias é deslocada, dirigindo a vazão de óleo para o lado da cabeça do cilindro da prensa, o êmbolo avança rapidamente. Quando a haste atinge a peça a ser trabalhada, a pressão sobe no acumulador. O operador então coloca a válvula direcional na posição central, o que prende o óleo no acumulador e o cilindro sob pressão.

O óleo enviado pela bomba é de volvido ao reservatório sob baixa pressão, reduzindo o desgaste do motor e da bomba. Também, minimiza a possibilidade do óleo sobre-aquecer, já que a operação da bomba contra uma válvula de alívio por período prolongado foi eliminada.

Quando a operação da prensa foi completada, o operador desloca a válvula direcional para a terceira posição, para reverter o movimento. Isso causa a retração da haste e a descarga do acumulador. O ciclo de trabalho é então completado e o operador retoma a válvula direcional ao centro.

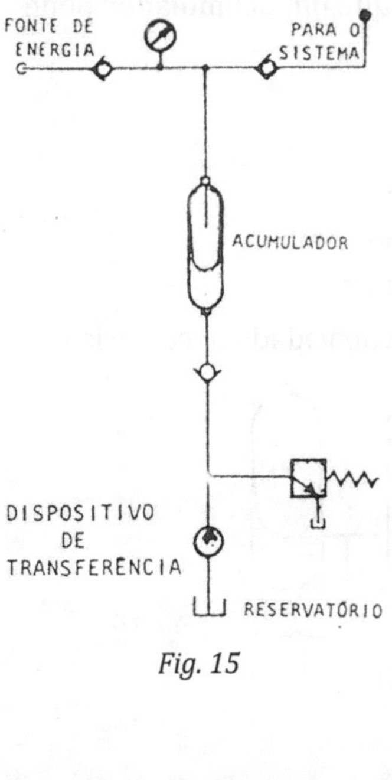

Fig. 15

Dispositivo de transferência

Num sistema onde a pressão desenvolvida num fluido de um lado do circuito deve ser transferida, quando existente, para outro fluido sem qualquer possibilidade de mistura, o acumulador de bexiga, permite uma solução satisfatória.

A bexiga age como uma barreira flexível, entre os dois fluidos, permitindo resposta instantânea sem redução da pressão do sistema. A barreira deve, entretanto, ser de material tal que não seja afetado pelos fluidos. Exemplo desse sistema é um no qual, um reservatório ou instrumento de pressão deve ser testado com um fluido especial, resistente ao fogo, que não pode ser usado pelo sistema hidráulico. O acumulador usado como dispositivo de transferência, resolve esse problema.

Dimensionamento de acumuladores

O dimensionamento de acumuladores que operam com gás é feito baseado na lei Boyle, expressa pela relação:

$$\mathbf{P_1 . V_1^{\,n} = P_2^{\,n} . V_2}$$

Onde P1 e P2 são as pressões absoluta inicial e final a que um gás é submetido e V1 e V2 os volumes correspondentes. O expoente "n" é o chamado expoente Politrópico do gás em utilização. Ele é igual a 1 numa transformação isotérmica (à temperatura constante), e diferente de 1 numa transformação adiabática.

Na prática, em operação normal devemos considerar como transformação adiabática uma vez que há ganho ou perda de calor em função do tempo relativamente pequeno, em que aplica trabalho sobre o gás ou o que ele devolve ao sistema. Vimos que um acumulador pode ser aplicado basicamente para:

- Armazenar energia;
- Absorver choques;
- Como dispositivo armazenador de energia;
- Reduzir o efeito da pulsação de descarga de bombas.

Como dispositivo armazenador de energia

A fórmula utilizada para determinar a capacidade necessária é:

$$V = \frac{Vw}{e.\eta.f}$$

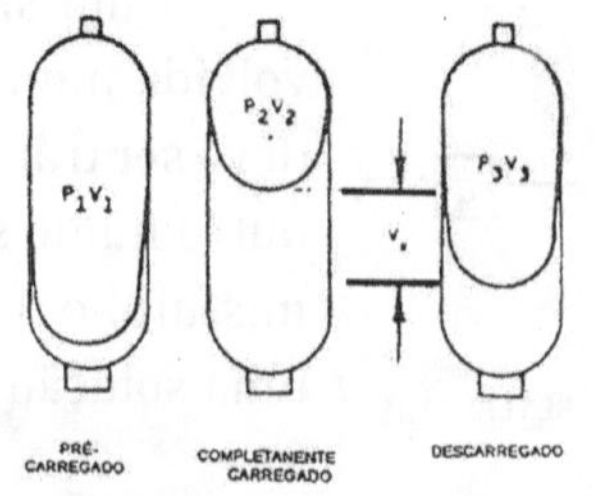

Fig. 16

Onde

V1= capacidade do acumulador (filtros)

Vw = volume do fluido descarregado (litros)

e = relação entre as pressões de pré-carga e de operação mínima aplicada sob o gás:

P1 = pressão de pré-carga do gás (Kg/cm^2)

P2 = pressão mínima de operação (Kg/cm^2)

P3 = pressão máxima de operação (Kg/cm^2)

a = relação entre as pressões de operação: P3/P2

η = eficiência do acumulador (aproximadamente adota-se o valor 0,95)

F = coeficiente de descarga do acumulador.

O coeficiente F deve ser calculado pela seguinte fórmula:

$$F = \frac{a^{\left(\frac{1}{n}\right)} - 1}{a^{\left(\frac{1}{m}\right)}}$$

Onde:

m = expoente politrópico para o período de carga

n = expoente politrópico para o período de descarga

Os expoentes m e n devem ser obtidos da tabela (expoentes politrópicos para acumuladores). Apesar de se considerar normalmente como m=n=1,4 para nitrogênio (gás normalmente utilizado), eles, na realidade diferem em função do tempo gasto na operação de carga e descarga.

Para utilização de acumuladores como armazenador de energia, a relação "e" deve estar entre 0,8 e 0,9. Quanto maior a relação "e", maior é o volume de óleo que pode ser utilizado. Assim, relações altas são benéficas para a acumulação de energia.

Entretanto, relações "e" muito altas são desfavoráveis para a vida útil da bexiga de borracha. O valor 0,9 deve ser utilizado quando:

a) A pressão no sistema varia lentamente entre P2 e P3.

b) A pressão no sistema nunca é menor do que P2 (mínima pressão estimada para o cálculo).

c) O tempo durante o qual o óleo permanece sob pressão no nível de P2 é comparativamente menor do que o tempo em que permanece ao nível de P3.

Quando alguma ou todas as condições acima não são atendidas, o valor adotado deve ser próximo de 0,8.

Como dispositivo absorvedor de choques

A capacidade do acumulador pode ser calculado pela seguinte fórmula:

$$V_1 = \frac{W \cdot v^2 \cdot (n-1) \cdot \left(\frac{P_2}{P_1}\right)^{\frac{1}{n}}}{20 \cdot g \cdot P2 \cdot \eta \cdot \left[\left(\frac{P_3}{P_2}\right)^{\frac{n-1}{n}} - 1\right]}$$

onde:

V1 = capacidade do acumulador (litros)
P1 = pressão de pré-carga (Kg/cm^2)
P2 = pressão normal no sistema (Kg/cm^2)
P3 = máxima pressão permitida (Kg/cm^2)
v = velocidade do óleo (vazão normal m/s)
w = peso do líquido no trecho considerado (Kg)
η = eficiência do acumulador (0,95)
n = aceleração da gravidade (m/s^2)
O valor de "W " pode ser calculado por:

$$W = \frac{\pi}{4} \cdot d^2 \cdot L \cdot \gamma \cdot 10^{-6}$$

Onde:

d = diâmetro da tubulação (mm)

L = comprimento da tubulação no trecho considerado (m)

y = peso específico do óleo (Kg/m^3)

No caso da utilização de acumuladores como absorvedores de choques, a relação "e" deve ser0,6 a 0,7. Neste caso, P2 (pressão normal de trabalho) significa a pressão média do sistema considerado.

Assim, a decisão sobre o valor para a relação "e" deve considerar a razão de modificação de pressão, considerando que o sistema não possuí acumulador, através de:

$$\frac{\text{PRESSÃO MÁXIMA - PRESSÃO MÍNIMA}}{\text{PRESSÃO MÍNIMA}}$$

Em casos de sistemas em que a razão acima é menor do que 30% de P2 (pressão normal de trabalho), esse valor pode ser adotado como 0,7. Entretanto, sistemas em que essa razão é maior do que 30% de P2, esse valor deve tender a 0,6.

Como dispositivo de redução da pulsação devido a descarga de bombas

A capacidade do acumulador pode ser calculada pela seguinte formula:

$$V_1 = \frac{q \cdot F_1 \cdot (P_x / P_1)^{\frac{1}{n}}}{1 - (P_x / P_m)^{\frac{1}{n}}}$$

EXPOENTE POLITRÓPICO (n . m) PARA NITROGÊNIO								
Kg/cm² \ SEGUNDOS		TEMPO DE CARGA E/OU DESCARGA						
		MENOR DO QUE 10	≥ 10 < 20	≥ 20 < 60	≥ 60 < 120	≥ 120 < 240	≥ 240 < 600	≥ 600
PRESSÃO MÉDIA	MENOR DO QUE 10 Kg/cm²	1.45	1.35	1.35	1.30	1.20	1.20	1.05
	≥ 10 < 20	1.45	1.40	1.35	1.30	1.20	1.10	1.05
	≥ 20 < 30	1.45	1.40	1.35	1.30	1.25	1.15	1.10
	≥ 30 < 50	1.50	1.45	1.40	1.35	1.30	1.20	1.10
	≥ 50 < 70	1.55	1.50	1.45	1.35	1.30	1.25	1.10
	≥ 70 < 100	1.60	1.55	1.50	1.45	1.40	1.30	1.20
	≥ 100 < 120	1.65	1.60	1.50	1.45	1.45	1.35	1.25
	≥ 120 < 140	1.70	1.60	1.55	1.50	1.45	1.40	1.30
	≥ 140 < 170	1.70	1.65	1.60	1.55	1.50	1.45	1.40
	≥ 170 < 200	1.75	1.70	1.65	1.60	1.55	1.50	1.45
	≥ 200	1.75	1.70	1.65	1.60	1.55	1.50	1.45

Onde:

V1 = capacidade do acumulador (litros)

q = descarga da bomba (litros/revolução)

F1 = coeficiente (depende do sistema)

Px = pressão de pré-carga do gás (Kg/cm^2)

Pm = amplitude permitida para a pulsação (Kg/cm^2)

n = expoente politrópico (ver tabela)

O coeficiente "F" pode ser adotado conforme relação abaixo:

- Bomba com um pistão, simples ação :0,60
- Bomba com um pistão, dupla ação :0,25
- Bomba com dois pistões, simples ação :0,25
- Bomba com dois pistões, dupla ação :0,15
- Bomba com três pistões, simples ação :0,13
- Bomba com três pistões, dupla ação :0,06

O valor 0,06 deve ser adotado também para bombas de palhetas, de engrenagens e pistões em que o número de pistões é maior do que os listados acima.

Exemplos

1) Qual o tamanho de acumulador é necessário para fomecer 5.000cm^3 de óleo a um sistema que opera a uma pressão máxima de 210Kg/cm^2 e a pressão mínima de105 Kg/cm^2 Assumir que a pressão de pré-carga utilizada é de 70 Kg/cm^2 e que o tempo de carga é de 25 segundos e o de descarga, 10 segundos.

V1	= a determinar	da tabela têm-se:
WW	= 5000 cm3 = 5 litros	n = 1,85
e	= 0,67	m = 1,80
η	= 0,95	
P1	= 70 Kg/cm^2	
P2	= 105 Kg/cm^2	

P3 = 210 kg/cm^2

a = 1.99

2) Determinar o tamanho do acumulador necessário para limitar a flutuação da pressão na descarga de uma bomba de dois pistões, dupla ação, dentro de uma faixa de +- (mais ou menos) 5%. Os valores conhecidos são:

Diâmetro dos pistões:	100 mm
Curso dos pistões:	250mm
Pressão média absoluta:	210 Kg/cm2 (Px)

F1 = 0,15

P1 = 199,50 Kg/cm^2 (absoluta)

Pm = 220, 50 Kg/cm^2 (absoluta)

n = 2,0 (expoente politrópico)

$$V_1 = \frac{q \cdot F_1 \cdot (P_x / P_1)^{\frac{1}{n}}}{1 - (P_x / P_m)^{\frac{1}{n}}}$$

$V_1 = 50{,}15$ litros

CAPÍTULO 3

SIMBOLOGIA HIDRÁULICA

SÍMBOLOS BÁSICOS E FUNCIONAIS	
Símbolo	**Descrição**
	Linha de contorno. Delimita um conjunto de funções em um único corpo
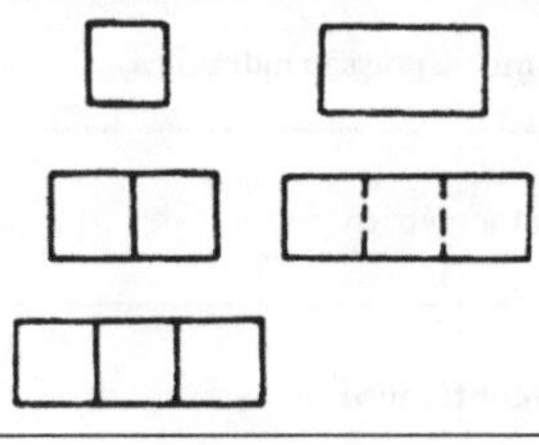	Em princípio, para válvulas de comando e controle
	Unidade de condicionamento do fluido (filtro, separador, lubrificador, trocador de calor, indicador, etc.)
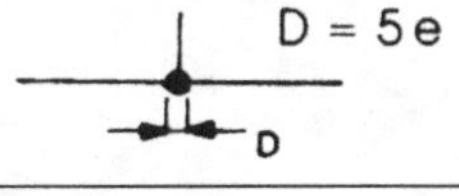	Conexão de linhas de fluxo. Nota: e = espessura da linha. D = diâmetro
	Mola
	Estrangulamento influenciável pela viscosidade
	Estrangulamento não influenciável pela viscosidade.

SÍMBOLOS FUNCIONAIS	
Símbolo	**Descrição**
	Fluxo hidráulico
	Indicação de direção e sentido em linhas de fluxo.
	Indicação de sentido de rotação
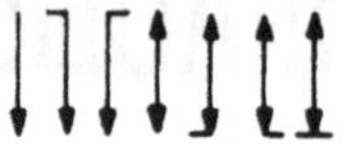	Indicação de direção e sentido do fluxo através de válvulas
	Indicação da possibilidade de regulagem ou variação progressiva

SÍMBOLOS DE FONTE DE ENERGIA	
Símbolo	**Descrição**
	Fonte de pressão hidráulica
	Motor elétrico
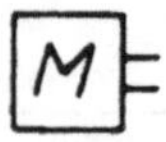	Motor térmico

SÍMBOLOS DE LINHAS DE FLUXO E CONEXÕES	
Símbolo	**Descrição**
	Linha de trabalho, de retomo ou de alimentação
	Linha de dreno ou sangria
	Mangueira ou tubo flexível
	Linha elétrica
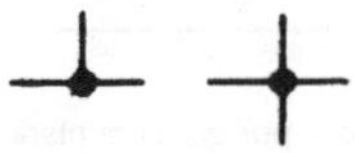	União de linhas
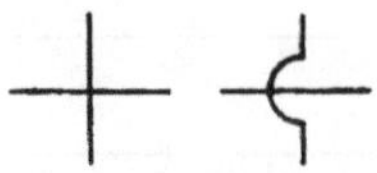	Linhas cruzadas, não conectadas
	Bloqueada
ENGATES RÁPIDOS	
conectato 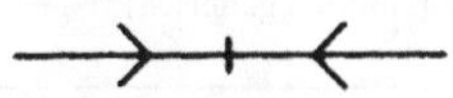	Sem válvula de retenção
desconectado 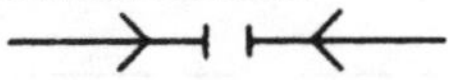	Com duas válvulas de retenção

SÍMBOLOS DE RESERVATÓRIOS	
Símbolo	**Descrição**
	Reservatório aberto à atmosfera
	Linha terminando acima do nível do fluído
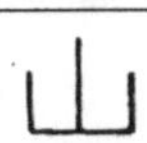	Linha terminando abaixo do nível de fluído
	Linha sob carga

SÍMBOLOS DE ACUMULADORES

Símbolo	Descrição
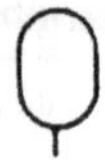	Acumulador (símbolo genérico)
	Acumulador por gás (genérico)
	Acumulador por gás com bexiga
	Acumulador por gás com pistão

SÍMBOLOS DE FILTROS, PURGADORES, LUBRIFICADORES E DIVERSOS

Símbolo	Descrição
	Filtro (símbolo genérico)

SÍMBOLOS DE TROCADORES DE CALOR

Símbolo	Descrição
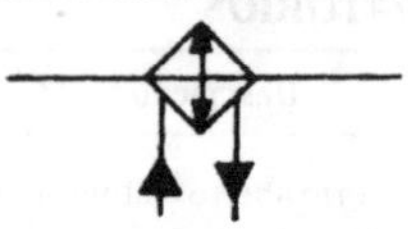	Resfriador com representação das linhas de fluxo do líquido refrigerante. As setas no losango indicam a dissipação de calor
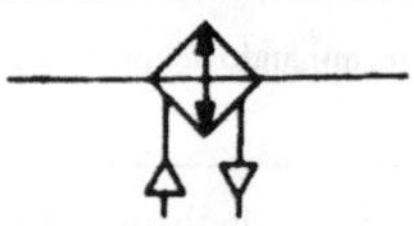	Resfriador com representação das linhas de fluxo do gás refrigerante. As setas no losango indicam a dissipação de calor
	Aquecedor (símbolo genérico). O sentido das setas no losango indicam a introdução de calor na linha
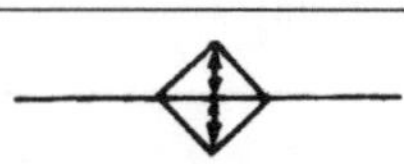	Regulador de temperatura operacional (as setas indicam que o calor pode ser introduzido ou dissipado)

SÍMBOLOS DE ELEMENTOS MECÂNICOS	
Símbolo	**Descrição**
	Eixo com rotação num único sentido
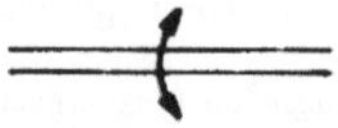	Eixo com rotação nos dois sentidos (reversível)
MÉTODOS DE ACIONAMENTO Os símbolos que representam métodos de acionamento são incorporados ao símbolo do equipamento, ao qual devem ser adjacentes. Para equipamentos com diversos quadrados (por exemplo, válvulas direcionais), o acionamento do operador põe em serviço o quadrado adjacente ao mesmo	
ACIONAMENTO POR AÇÃO MUSCULAR	
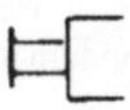	Símbolo básico sem indicação do modo de operação
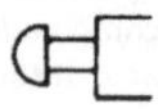	Botão
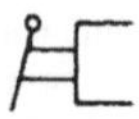	Alavanca
ACIONAMENTO POR AÇÃO MECANICA	
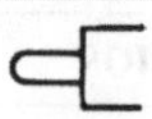	Apalpador ou pino
	Mola
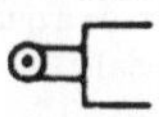	Rolete
MÉTODOS DE ACIONAMENTO	
CONTROLE ELÉTRICO	
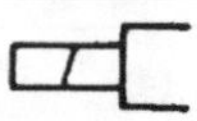	Por solenóide com uma bobina
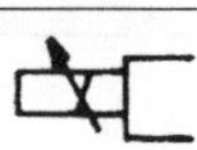	Por solenóide, com uma bobina operando proporcionalmente
ACIONAMENTO POR PRESSÃO (ACRÉSCIMO OU ALÍVIO)	
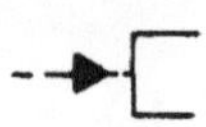	Acionamento direto por piloto externo: Por aplicação ou por acréscimo de pressão

	Acionamento direto por piloto externo: Por despressurizarão
	Acionamento direto por piloto interno: Por aplicação ou por acréscimo de pressão
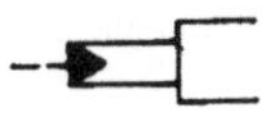	Acionamento indireto por piloto externo: Por aplicação ou por acréscimo de pressão
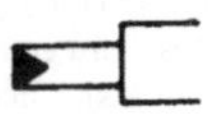	Acionamento indireto por piloto interno: Por aplicação ou por acréscimo de pressão
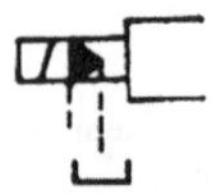	Acionamento combinado: Por solenóide com piloto e dreno (hidráulico)/exaustão (pneumático) externo
	Acionamento combinado: Por solenóide com piloto e dreno interno
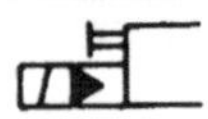	Acionamento combinado: Por solenóide e piloto ou por ação muscular

INSTRUMENTOS E ACESSÓRIOS	
Símbolo	**Descrição**
	Manômetro ou vacuômetro (a linha pode ser conectada a qualquer ponto da circunferência)
	Termômetro
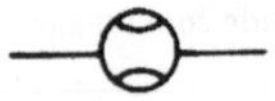	Medidor de vazão
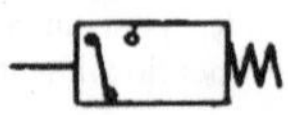	Pressostato

	Bocal de enchimento
	Acoplamento
	Acoplamento com protetor
	Flange moto-bomba
	Junta de expansão

VÁLVULAS	
Símbolo	**Descrição**
VÁLVULAS DE CONTROLE DIRECIONAL	
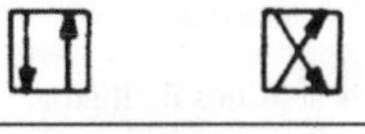	Duas direções de fluxo
	Duas direções de fluxo interligadas
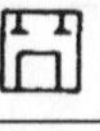	Uma direção de fluxo em tandem e dois bloqueios
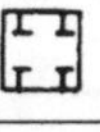	Quatro conexões bloqueadas
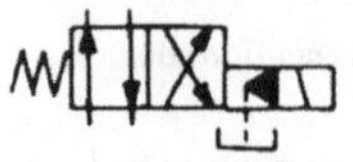	Operada por pressão através de uma válvula direcional piloto, a qual é comandada por solenóide, atuando contra uma mola de retorno

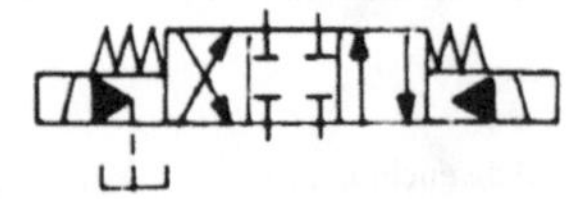	Operada por pressão através de uma válvula direcional piloto, a qual é comandada por solenóide com centragem por molas
SERVO-VÁLVULA ELETRO-HIDRÁULICA	
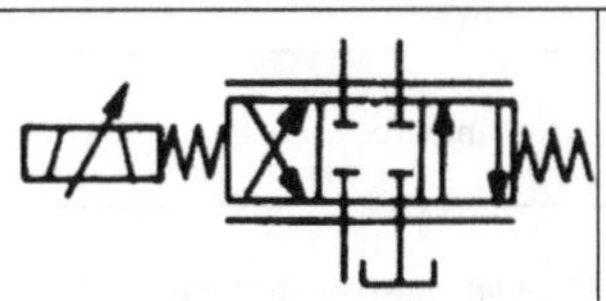	Um estágio. OBS.: Com operação direta
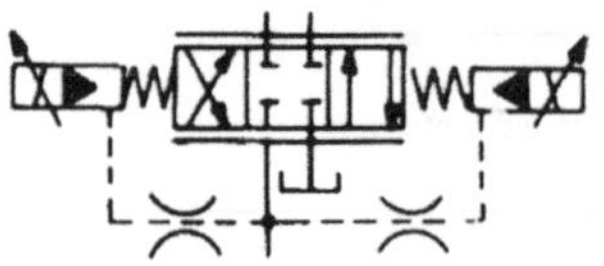	Dois estágios com realimentação hidráulica OBS.: Com operação indireta por piloto

BOMBAS E COMPRESSORES

Símbolo	**Descrição**
BOMBA HIDRÁULICA DE DESLOCAMENTO FIXO	
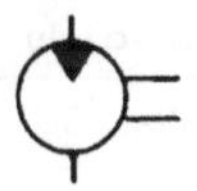	Com um sentido de fluxo
	Com dois sentidos de fluxo
BOMBA HIDRÁULICA DE DESLOCAMENTO VARIÁVEL	
	Com um sentido de fluxo
	Com dois sentidos de fluxo

MOTORES/ATUADORES ROTATIVOS	
Símbolo	**Descrição**
MOTOR HIDRÁULICO DE DESLOCAMENTO FIXO	
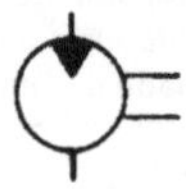	Com um sentido de fluxo
	Com dois sentidos de fluxo
MOTOR HIDRÁULICO DE DESLOCAMENTO VARIÁVEL	
	Com um sentido de fluxo
	Com dois sentidos de fluxo

CILINDROS/ATUADORES LINEARES	
Símbolo	**Descrição**
CILINDRO DE AÇÃO SIMPLES	
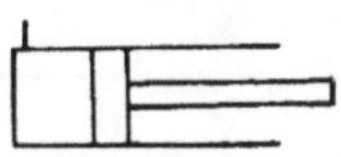	Retração por uma força não especificada. Símbolo geral quando o método de retorno não for especificado
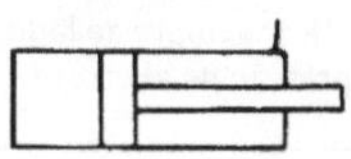	Avanço por uma força não especificada. Símbolo geral quando o método de avanço não for especificado
CILINDRO DE AÇÃO DUPLA	
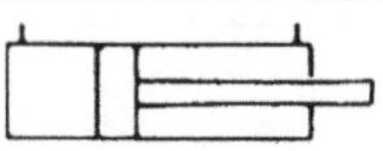	Com haste simples

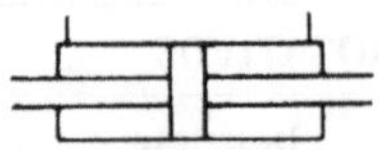	Com haste dupla
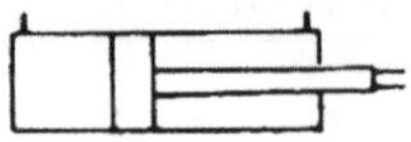	Cilindro diferencial: OBS.: O funcionamento do cilindro depende da diferença das áreas efetivas de cada lado do êmbolo
CILINDROS COM AMORTECIMENTO	
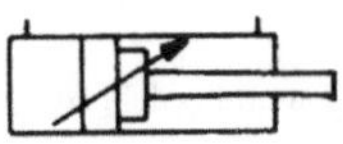	Com um amortecimento regulável, no avanço
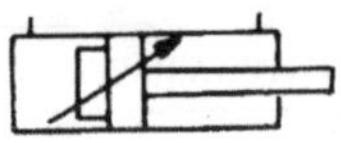	Com um amortecimento regulável, na retração
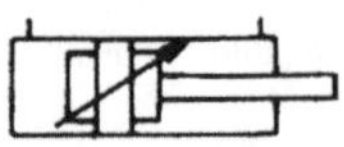	Com dois amortecimentos reguláveis.

VÁLVULAS	
Símbolo	**Descrição**
VÁLVULAS DE RETENÇÃO	
	Sem mola
	Com mola. OBS.: Indicar sempre ao lado da mola a pressão de abertura
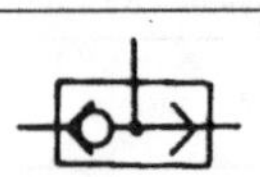	Válvula alternadora
	Pilotada para abrir
	Pilotada para fechar

<table>
<tr><td></td><td>Dupla ou geminada</td></tr>
<tr><td colspan="2">VÁLVULA DE CONTROLE DE PRESSÃO</td></tr>
<tr><td>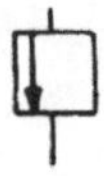 ou </td><td>Normalmente fechada, com um estrangulamento</td></tr>
<tr><td> ou 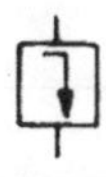</td><td>Normalmente aberta, com um estrangulamento</td></tr>
<tr><td colspan="2">VÁLVULA DE ALÍVIO, DE SEGURANÇA, OU LIMITADORA DE PRESSÃO</td></tr>
<tr><td>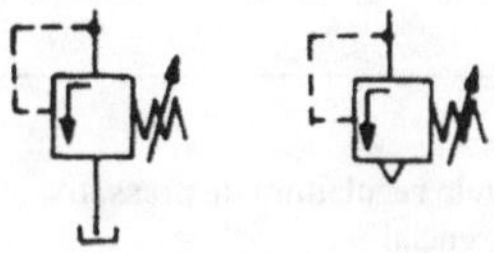</td><td>Diretamente operada</td></tr>
<tr><td>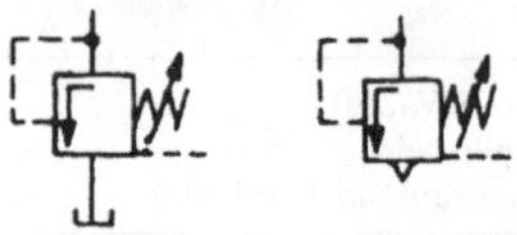</td><td>Comandada por piloto à distância</td></tr>
<tr><td colspan="2">VÁLVULA DE ALÍVIO, DE SEGURANÇA, OU LIMITADORA DE PRESSÃO PRÉ-OPERADA</td></tr>
<tr><td>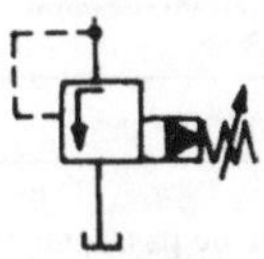</td><td>Com piloto e dreno interno</td></tr>
<tr><td>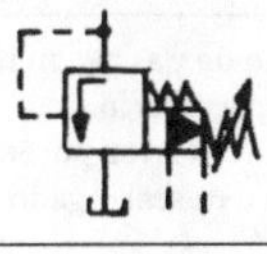</td><td>Dreno externo e comando à distância</td></tr>
<tr><td colspan="2">VÁLVULA DE SEQUÊNCIA</td></tr>
<tr><td></td><td>Diretamente operada</td></tr>
<tr><td>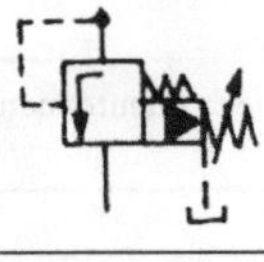</td><td>Pré-Operada</td></tr>
</table>

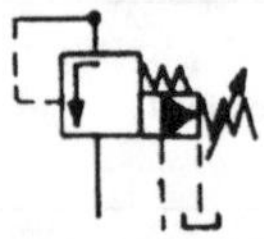	Pré-Operada com comando à distância
VÁLVULA REDUTORA DE PRESSÃO	
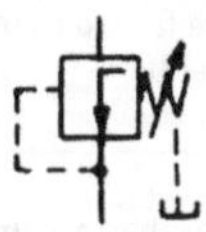	Diretamente operada
	Pré-Operada
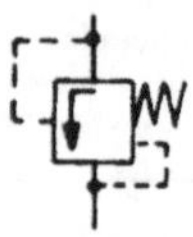	Válvula reguladora de pressão diferencial
VÁLVULA REDUTORA DE VAZÃO OBS.: Símbolo simplificado (não indica método de controle ou situação da válvula)	
	Com orifício de passagem fixo
	Com orifício de passagem regulável
VÁLVULA REGULADORA DE VAZÃO	
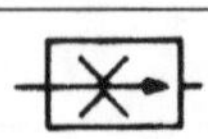	Com orifício de passagem fixo
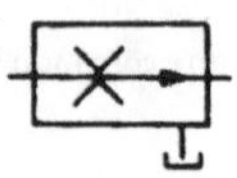	Com orifício de passagem fixo e descarga ao reservatório. OBS.: Igual à anterior, porém o excesso do fluxo é descarregado ao reservatório
	De vazão regulável
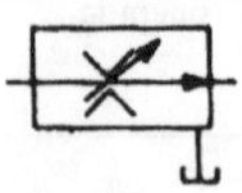	De vazão regulável com descarga ao reservatório
	Válvula de fechamento manual (Registro)

"I.S.O. 1219"	
Equipamento	**Símbolo Gráfico**
1 - Bombas simples de palhetas e bombas simples de engrenagem V10 /V20 /V200 /20V /25V /26V 31V /35V /45V / 50V / G5 / GPC4	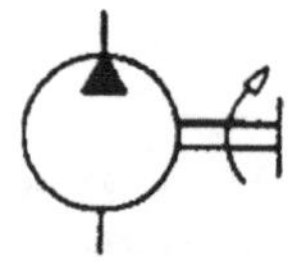
2 - Bombas duplas de palhetas. V2010 / V2020 / V2200 / 2520V / 3520V / 3525V / 4520V / 4525V / 4535V	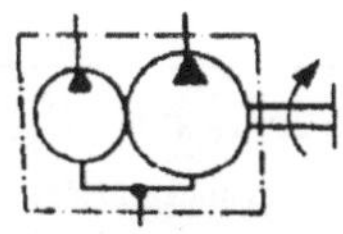
3 - Bombas de pistão de vazão constante PFB	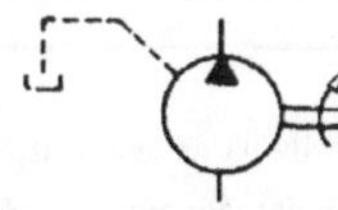
4 - Bombas de pistão de vazão variável PVB 4.1 - Bomba de pistão de vazão variável PVB	4.1 
4.2 - Bomba de pistão de vazão variável PVB com duplo sentido de rotação	4.2 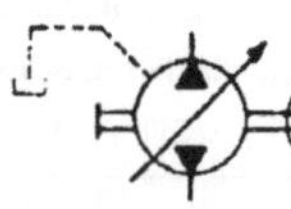
4.3 - Bomba de pistão de vazão variável PVB com compensador de pressão	4.3 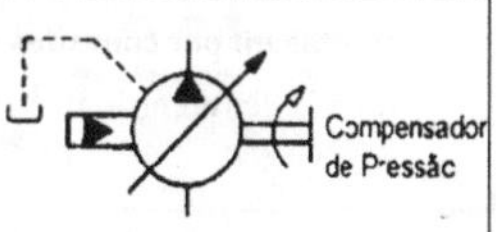
5 - Bombas de palhetas de vazão variável VVA	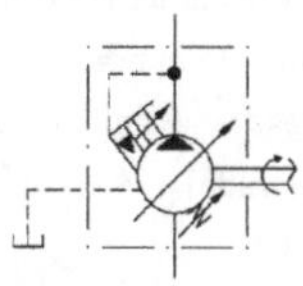
6 - Válvulas controladoras de pressão	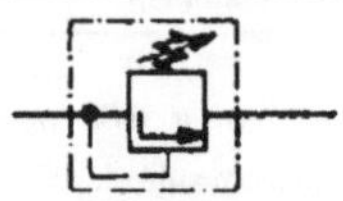
6.1. - Válvula de segurança diretamente operada com montagem por conexões rosqueadas. C-175	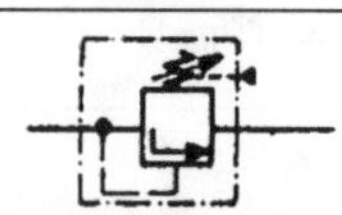

6.2. - Válvula de segurança diretamente operada com montagem por conexões em sub-placa. CGR-02	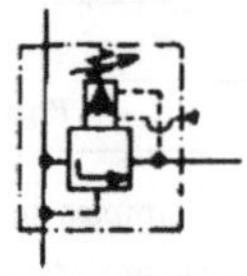
6.3. - Válvula de segurança pré-operada com montagem por conexões rosqueadas. CT	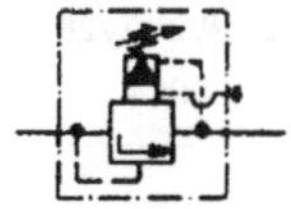
6.4. - Válvula de segurança pré-operada com montagem por conexões em sub placa. CG	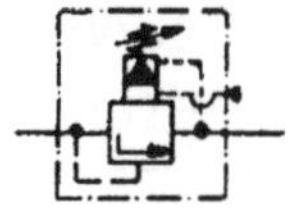
6.5. - Válvula de segurança e descarga pré-operada com montagem por conexões em sub-placa URG-1	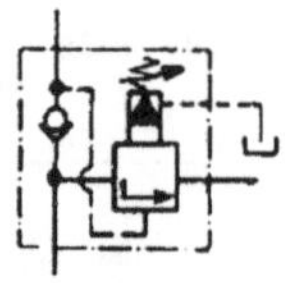
6.6. - Válvula redutora de pressão pré-operada com montagem por conexões rosqueadas (com ou sem válvula de retenção incorporada) XT / X(C)T	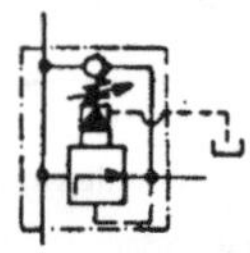 Válv. Ret. p/ mod. XCT
6.7. - Válvula redutora de pressão préoperada com montagem por conexões em sub-placa (com ou sem válvula de retenção incorporada) XG / XCG	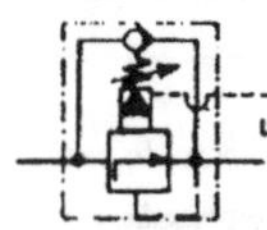 Válv. Ret. no mod. XCG
6.8. - Válvula de contrabalanço (alivio de pressão) diretamente operada com montagem por conexões rosqueadas (com ou sem válvula de retenção incorporada) RT / RCT Ex.: RCT 1-23 (Tipo 1)	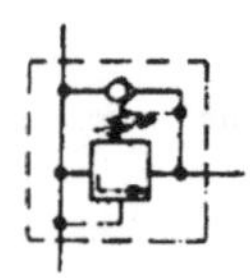 Válv. Ret no mod. RCT
6.9. - Idem a 6.8., porém com montagem por conexões em sub-placa RG / RCG (Tipo 1)	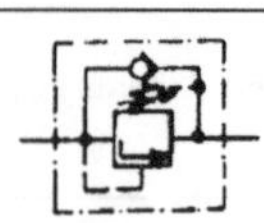 Válv Ret no mod. RCG

6.10. - Válvula de sequência diretamente operada com montagem por conexão rosqueada (com ou sem válvula de retenção incorporada) RT / RCT (Tipo 2) Ex.: RCT- 2-23	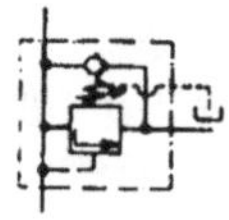 Válv de Ret no mod RCT
6.11. –Idem a 6.10., porém com montagem por conexões em sub-placa RG / RCG (Tipo 2)	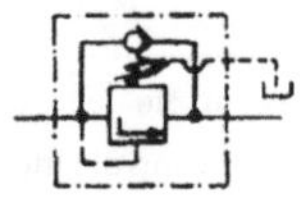 Válv Ret somente no moc. RCG
6.12. - Válvula de Sequência remotamente operada com montagem por conexões rosqueadas (com ou sem válvula de retenção incorporada) RT / RCT (Tipo 3) Ex.: RCT- 3-23	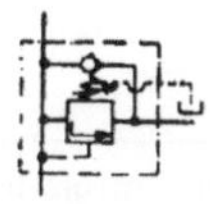 Válv de Ret no mod RCT
6.13. - Idem ao 6.12, porém com montagem por conexão em sub- placa RG / RCG (Tipo3)	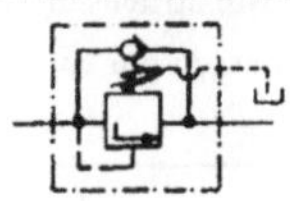 Válv Ret somente no moc. RCG
6.14. - Válvula de descarga remontamento operada com montagem por conexão rosqueada (com ou sem válvula de retenção incorporada) RT / RCT (Tipo 4) Ex.: RCT- 4-23	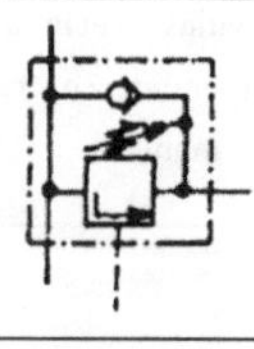
6.15. – Idem a 6.14., porém com montagem por conexões em sub-placa RG / RCG (Tipo 4)	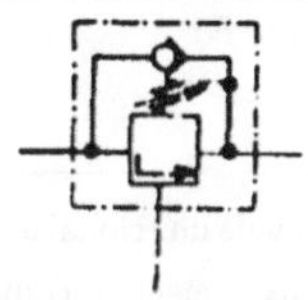
6.16. - Válvulas frenagem diretamente operada e remotamente auxiliada com montagem por conexões rosqueadas (com ou sem válvula de retenção incorporada) RT / RCT (Tipo P1) Ex.: RCT- P1-23	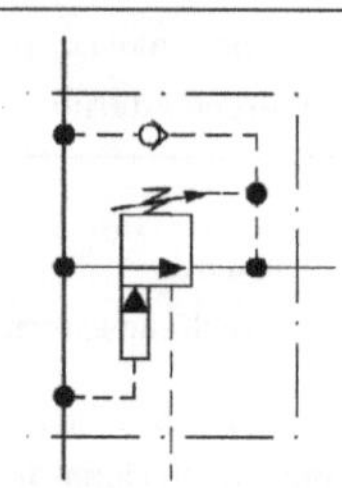

6.17. - Idem a 6.16, porém com montagem por conexões em sub-placa RG / RCG (Tipo P1)	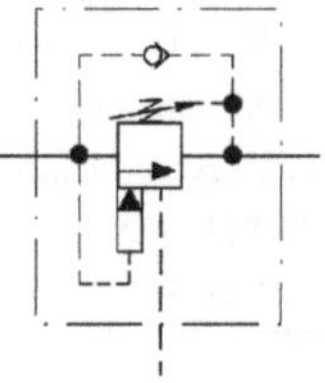
7 - Válvulas de controle de fluxo 7.1 - Válvula de controle de fluxo simples, com fluxo livre no sentido oposto através de válvula de retenção incorporada. Montada por conexões rosqueadas FN	
7.2. - Válvula de controle de fluxo compensada quanto à pressão e temperatura (com ou sem fluxo livre no sentido oposto através de válvula de retenção incorporada) Montada por conexões em sub-placa FG / FCG	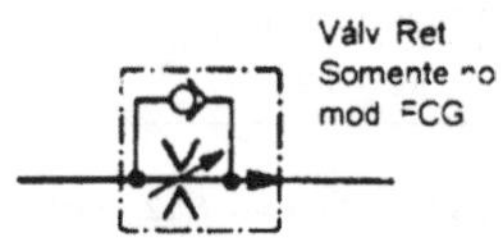
8 - Válvulas Direcionais 8.1. - Válvulas direcional de 4 vias, 3 posições, operada por solenóide, centrada por molas (com opção de operação manual)	Para Todos os modelos exceto com carretéis 4 e 8 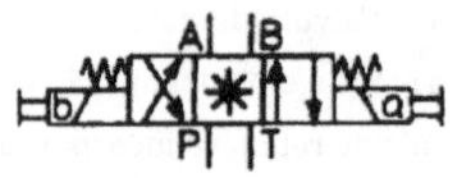
8.2. Idem a 8.1.	Somente para modelos com carretéis 4 e 8 
8.3. - Válvula direcional de 4 vias, 3 posições operada hidráulica mente comandada por solenóide, centrada por molas. (com opção de operação manual) dreno externo	Para Todos os modelos exceto com carretéis 4 e 8 
8.4. - Idem a 8.3. Com piloto e dreno externo	Somente para modelos com carretéis 4 e 8 
8.5. - Válvula Direcional de 4 vias, 3 posições, operada hidraulicamente comandada por solenóides, centrada por molas, dreno externo, com controle de velocidade do deslocamento do carretel (pilot chock) (com opção de operação manual)	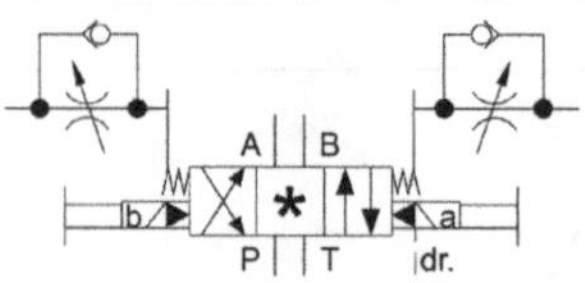

<table>
<tr><td>8.6. - Idem a 8.5. com piloto e dreno externo</td><td>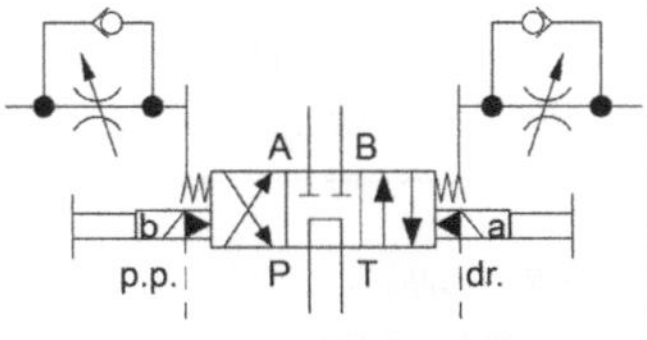
</td></tr>
<tr><td>8.7. - Válvula Direcional de 4 vias, 3 posições, operada hidraulicamente comandada por solenóides, centrada por molas, drena externo, com controle de curso do carretel (strock-adjustment) (com opção de operação manual)</td><td>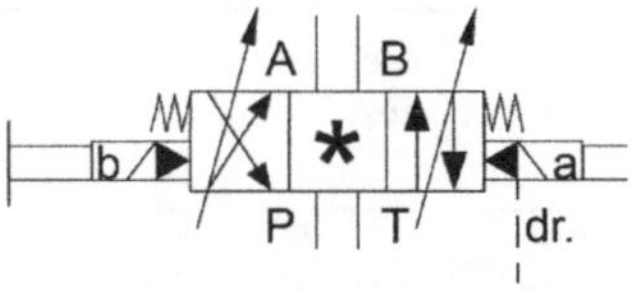
</td></tr>
<tr><td>8.8. - Idem a 8.7 com piloto e dreno externo</td><td>Somente para modelos com carretéis 4 e 8
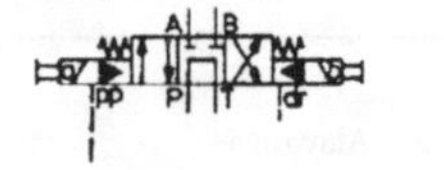</td></tr>
<tr><td>8.9. - Válvula Direcional de 4 vias, 2 posições, opera por solenóide, com travamento por detente. (com opção de operação manual)</td><td>Para os carretéis ON / 2N / 6N

</td></tr>
<tr><td>8.10. - Válvula Direcional de 4 vias, 2 posições, operadas por solenóide com posição de descanso em um dos lados (com opção de operação manual)</td><td>Para os carretéis OA / 2A / 6A
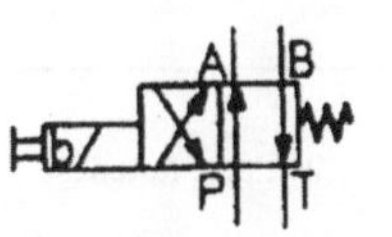
</td></tr>
<tr><td>8.11. - Idem 8.10, com posição de descanso no lado oposto</td><td>Para os carretéis OALH / 2ALH / 6ALH
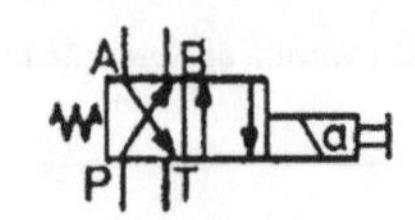
</td></tr>
<tr><td>8.12. - Válvula Direcional de 4 vias, 2 posições, operada por solenóide em um dos lados, centrada por molas. (com opção de operação manual)</td><td>Para os carretéis OB / 2B / 6B

</td></tr>
<tr><td>8.13. - Idem 8.12, com operação do solenóide no lado oposto</td><td>Para os carretéis OBLH / 2BLH / 6BLH

</td></tr>
</table>

9. - Acionamentos possíveis nas válvulas direcionais. 9.1. - Solenóide	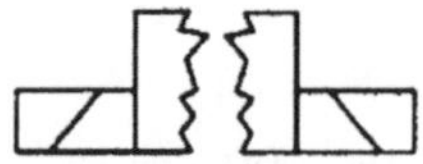
9.2. – Molas	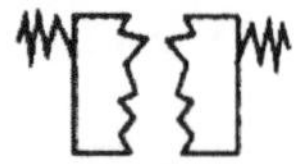
9.3. – Pilotos	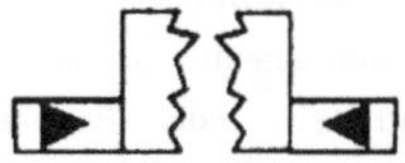
9.4. – Muscular	
9.5. – Alavanca	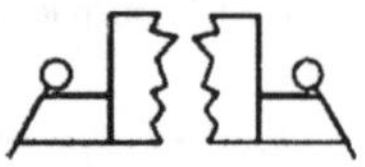
9.6. – Botão	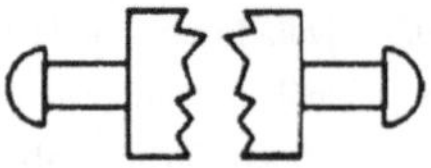
9.7. – Rolete Tateador	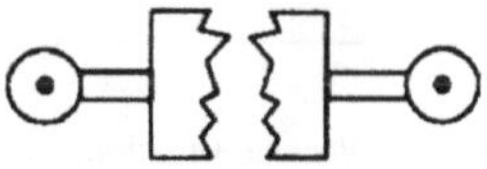
10.A) Válvula de Retenção Simples	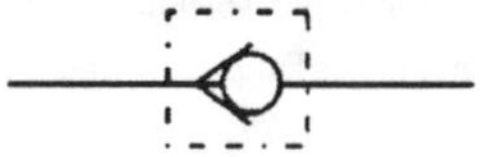
10.B) Válvula de Retenção Pilotada	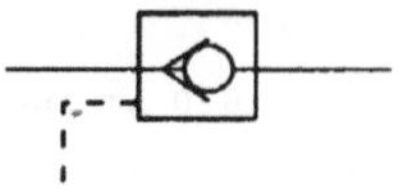
10.C) Válvula de Retenção Drenada	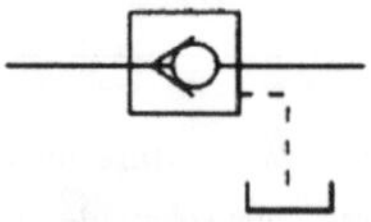
10.D) Válvula de Retenção de Embutimento	
10 - Atuadores Hidráulicos Rotativos 10.1. - Unidirecional	

10.2. - Bidirecional	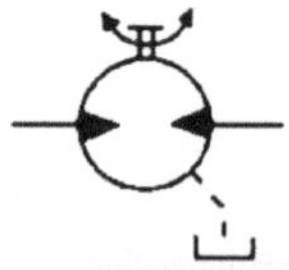
11 - Atuadores Hidráulicos Lineares 11.1. - Simples efeito (avanço)	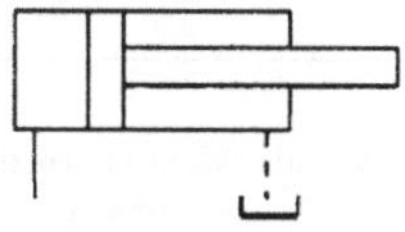
11.2. - Simples efeito (retorno)	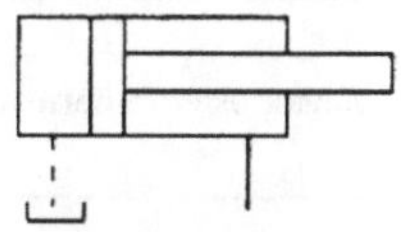
11.3. - Duplo efeito (sem amortecedor)	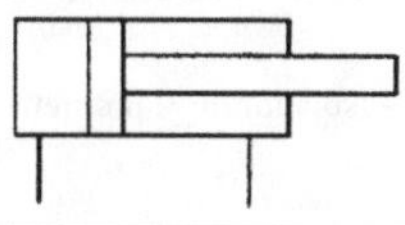
11.3.1. - Duplo efeito com amortecedor de ambos os lados	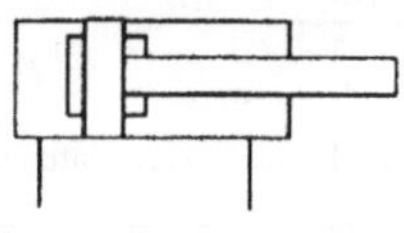
12. – Acessórios 12.1. - Filtro de Sucção interno	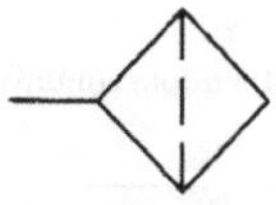
12.2. - Filtro de sucção externo com retenção incorporada	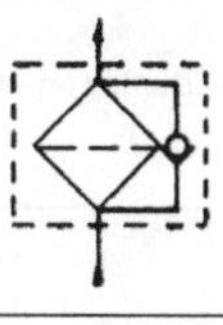
12.3. - Filtro de retorno com válvula de retenção incorporada	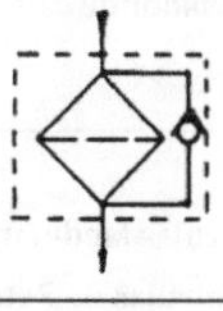
12.4. - Filtro de Ar com bocal de preenchimento	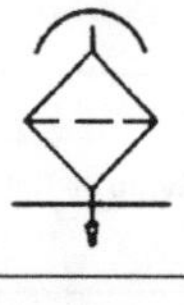
13. - Restrição sensível à viscosidade	

14. - Restrição não sensível à viscosidade	
15. - Válvula agulha	
16. - Válvula esférica normalmente aberta	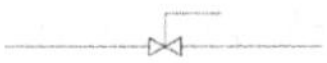
17. - Válvula esférica normalmente fechada	
18. - Isolador de Manômetro	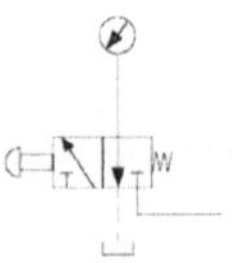
19. – Pressostato 19.1. - De simples contato (XM2)	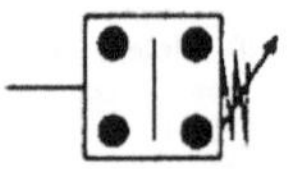
19.2. - De duplo contato (XMG)	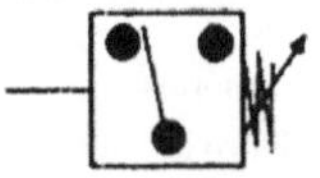
19.3. - De duplo contato (STI - S8I)	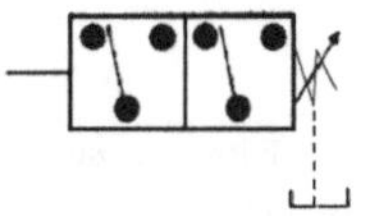
20. - Trocador de calor	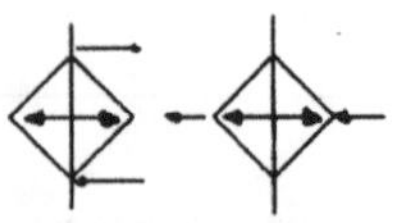
21. - Válvulas Modulares 21.1. - Válvulas de Retenção na linha de tanque	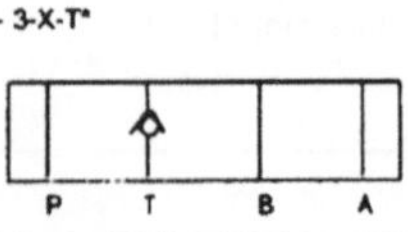
21.2. - Válvula de Retenção na linha de pressão	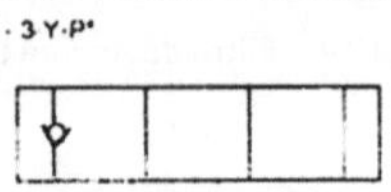

21.3. - Válvula de Alívio de Pressão	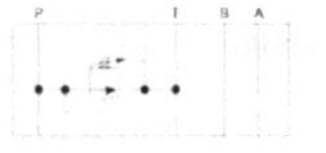
21.4. - Válvula de Frenagem	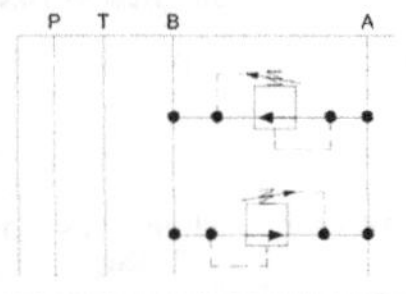
21.5. - Válvula de Controle Fluxo na linha de pressão	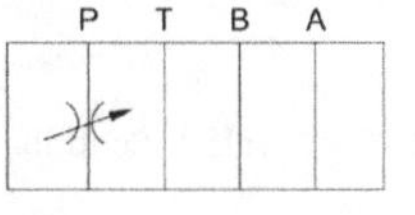
21.6. - Válvula de Controle Fluxo na linha de tanque	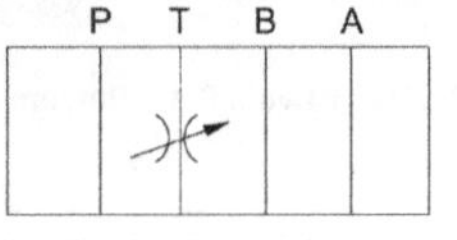
21.7. - Válvula de Controle Fluxo nas linhas de pressão e tanque	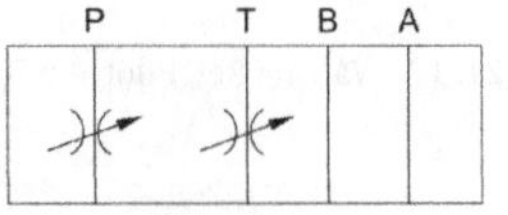
21.8. - Válvula de Cont. Fluxo na linha de pressão com retenção incorporada	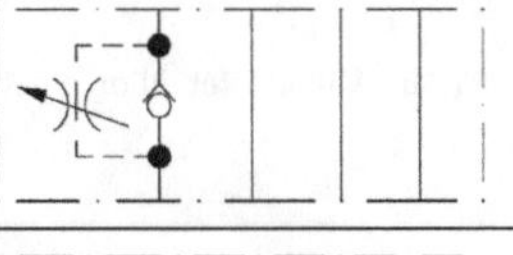
21.9. - Válvula de Cont Fluxo nas linhas de A e B – "Meter-Ouf"	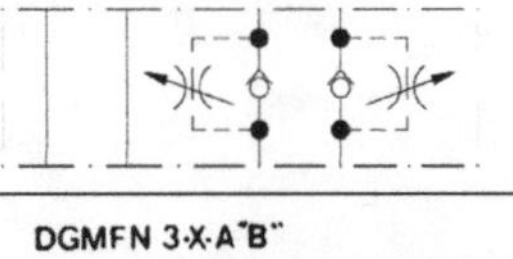
21.10. - Válvula de Cont Fluxo nas linhas de A e B – "Meter-IN"	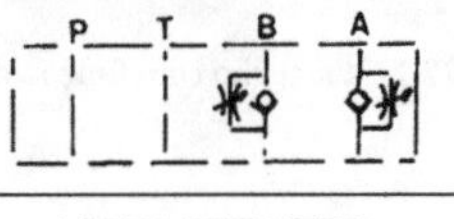
21.11. - Válvula de Sequência localizada e comandada na linha de pressão	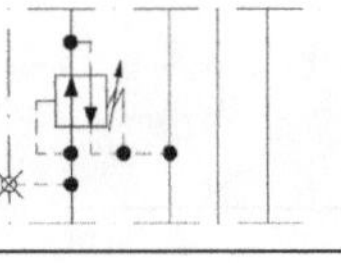

21.12. - Válvula Red. Pressão localizada em P e comandada por B	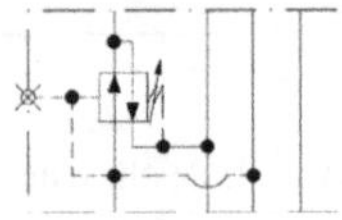
21.13. - Válvula Red. Pressão localizada em P e comandada por A	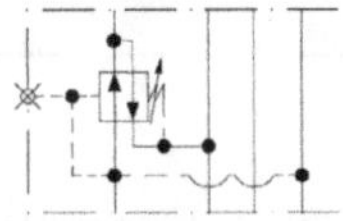
21.14. - Válvula Red. Pressão localizada e comandada por P	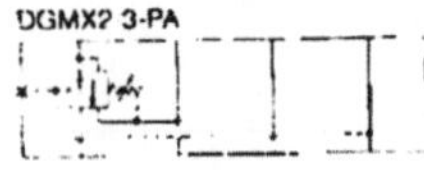
21.15. - Válvula de Contrabalanço	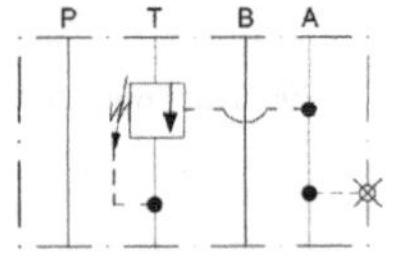
21.16. - Válvula Ret. Pilot. em A	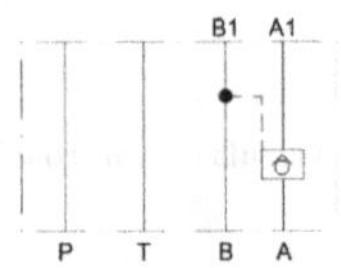
21. 17. - Válvula Ret. Pilot. em B	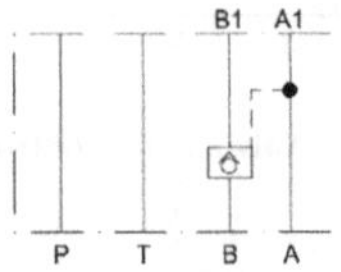
21.18. - Válvula Ret. Pilot. em A e B	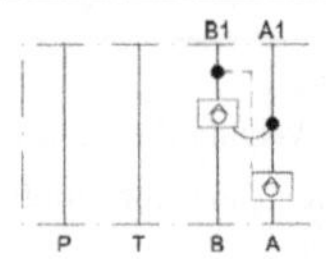
22.1. - Cartucho com função de válvula direcional	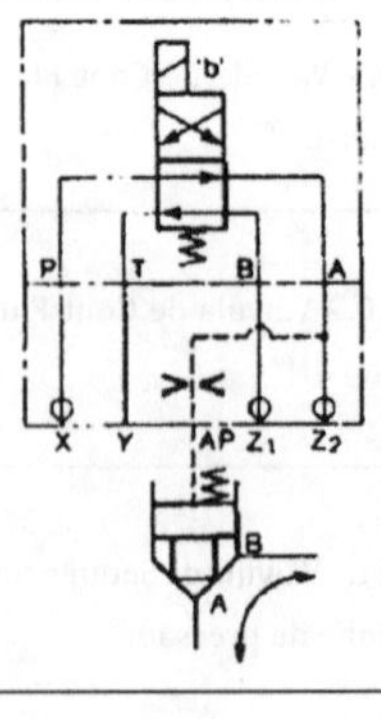

22.2 - Cartucho com função de válvula direcional com Valv. Alternadora	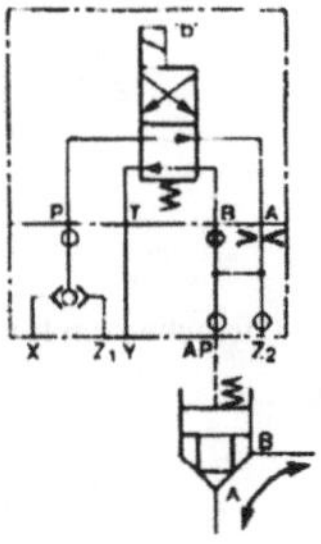
22.3 – Cartucho com função de válvula controladora de Fluxo	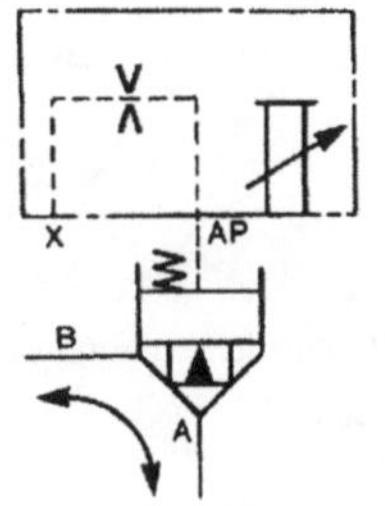
22.4 – Cartucho com função de válvula proporcional de vazão	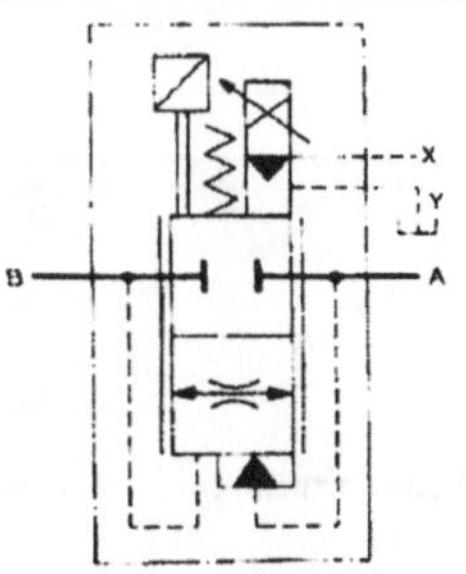
22.5 - Cartucho com função de válvula de alívio.	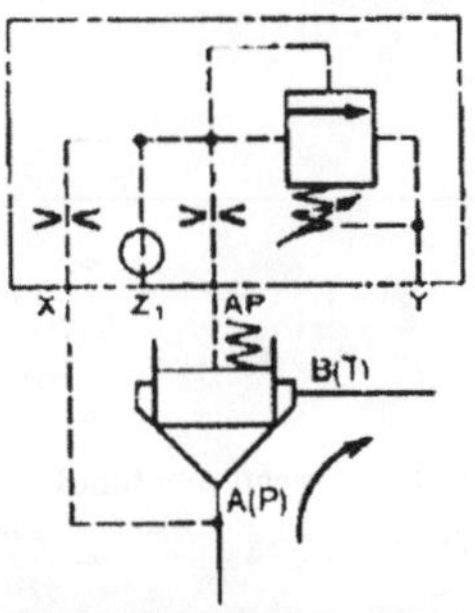

22.6 - Cartucho com função de válvula de alívio com ventagem.	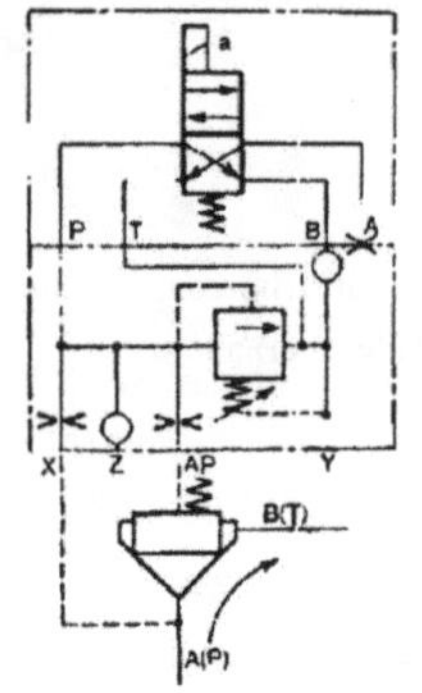
22.7 - Cartucho com função de válvula redutora de pressão.	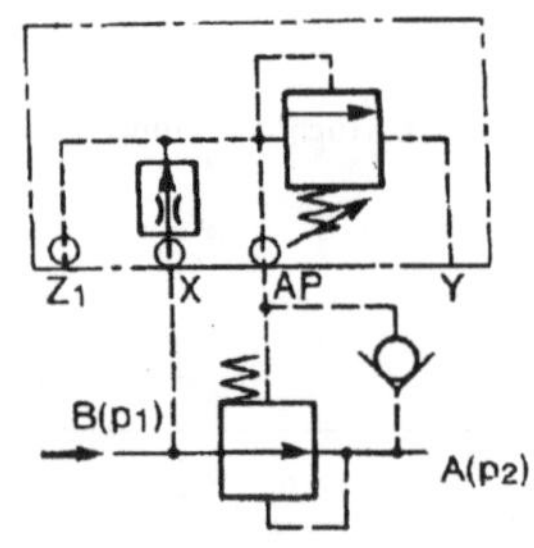
22.8 - Cartucho com função de válvula de retenção.	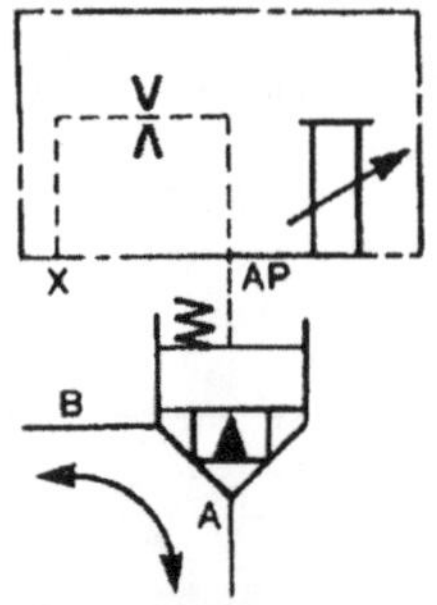
22.9 - Cartucho com função de válvula de retensão pilotada.	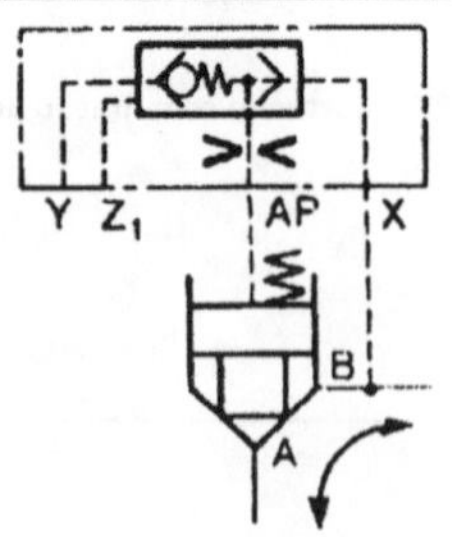

REFERÊNCIAS BIBLIOGRÁFICAS

Addison H. *The Pump Users Handbook.* London: Ed. Issac Pitman & Sons Ltda, 1964

Azevedo Netto, J. M. *Manual de hidráulica.* 8. ed., atual. São Paulo: Edgard Blücher, 2007.

Baptista, M. B.; Coelho, M. M. L. P.; Cirilo, J. A. *Hidráulica aplicada.* ABRH, 2003.

Black, P. O. *Bombas.* Rio de Janeiro: Ao Livro Técnico, 1979.

Catálogos de Válvulas Proporcionais - Vickers do Brasil S.A., SP, 1980.

Catálogos diversos da Vickers do Brasil S.A., 1977.

Cattani, M. *Elementos de mecânica dos fluidos.* SP: Edgard Blucher, 2010.

Chow, V. T. *Open Channel Hydraulics.* New York: McGraw-Hill, 1959.

Drapinski, J. *Manutenção mecânica básica.* New York: McGraw-Hill, 1973.

Drapinski, J. *Hidráulica e pneumática industrial e móvel.* New York: McGraw -Hill, 1975.

Fox, R. W., McDonald. A. T. e Pritchard, P. J. *Introdução de Mecânica dos fluídos.* RJ: LTC, 5 ed., 2012.

Garcez, L. N. *Elementos de mecânica dos fluidos.* SP: Edgard Blucher, 2ª Edição, 1977.

Hidráulica básica Sperry Vickers. SP: Sperry Rand. Comp. 1967 Mich. USA.

Hidráulica mobil Sperry Vickers. Brasil. 1967 – Ed. Sperry Rand. Comp. 1967 Mich. USA.

Hwang, N. H. C. *Fundamentos de Sistemas de Engenharia Hidráulica.* RJ: Prentice-Hall do Brasil, 1984.

Manual de hidráulica básica. Rexroth S. A. do Brasil. 1986.

Manual de hidráulica básica - Racine Hidráulica Ltda. SP: Edgard Blucher, 1973.

Manutenção hydraulic Sperry Vickers - Ed. Sperry Rand. Comp. 1967 Mich. USA.

Neves, E. T. *Curso de hidráulica.* Porto Alegre: Globo, 4ª edição, 1974.

Pimenta, C. F. *Curso de hidráulica geral.* São Paulo: Centro Tecnológico de Hidráulica, 3ª ed., 1977.

Porto, R. M. *Hidráulica básica.* 2. ed. São Carlos: EESC-USP, 2001.

Projetos de circuitos hidráulicos. Caterpillar - informativo técnico. SP, 1986.

Quintela, A. C. *Hidráulica.* Fundação Calouste Gulbenkian, 6 ed., 1998.

Silvestre, P. *Hidráulica geral.* RJ: LTC, 1973.

Simbologia hidráulica industrial – Ordem de Serviço Sperry Vickers do Brasil, 1987.

Sistemas hidráulicos – Revista Lubrificação Texaco do Brasil S.A., SP, 1973.

Sperry Rand Corp Hydraulic Handbook. Ed. Sperry Rand. Comp. 1962 Mich. USA.

Stewart, H., L. e Stores, J., M. *Fluid power.* Howward V. Sams Co. Ind. Indind., USA, 1968.